株式会社名晃 代表取締役社長

峠テル子

ゴミに「ご苦労様でした！」

感謝の心で育む

人的資本経営

PHP研究所

はじめに

夫と起ち上げた大和《だいわ》清掃時代を合わせると、名晃《めいこう》という廃棄物収集・中間処理の会社を率いて五十五年になる。社員四十名弱の小さな会社ではあるが、おかげさまで業績は好調、一度も赤字に陥ることはなく、無借金経営を続けている。

社員が収集する前にゴミに一礼したり、客先のゴミ置き場を無料で掃除する「パワースポット化」や「活力朝礼」などが注目され、名晃がマスコミの取材を受ける機会も増えた。

しかし、私も齢《よわい》八十を過ぎている。経営に携《たずさ》われる時間も残り少ないだろう。そんなときに月刊誌『ＰＨＰ』の取材がご縁で、書籍出版の話が飛び込んできた。一生懸命に生きてきた人生の終盤に、思わぬごほうびが舞い込んできたようである。

私は「人的資本経営」を掲げ、社員の人間力形成に力を注いできた。社員の成長によって名晃という会社の評価が上がり、売上という数字もついてきた。成長した社員たちは私の期待をはるかに超えて自走し始め、トップダウンだった名晃はボトムアップの会社に変わることができた。傍《はた》から見れば順風満帆かもしれないが、ここまで来るには一筋縄ではいかない社員たちとの葛藤があった。

そんな私と社員たちとの軌跡を本にして残せば、社員教育や経営に悩む同業の企業経営者の方々の参考にしていただけるのではないか——。業界全体の発展を願い、そんな想いで本書を上梓することに決めた。

気候変動や地球温暖化といった世界的な問題もあり、今後ますます廃棄物業界への法規制は厳しくなっていくだろう。そのときになってから慌てても遅い。普段から情報をすくい上げ、備えておくことが企業の生死を分ける。

本書が多くの経営者にとって少しでもお役に立てれば幸いである。

株式会社名晃　代表取締役　峠テル子

ゴミに「ご苦労様でした！」
感謝の心で育む人的資本経営

目次

第二章

社員と向き合う覚悟
——ヤンチャ坊主たちとの闘い

第三章

仕事への誇りとやりがいを育てる

――名晃流・ゴミへの感謝が生まれるまで

第四章

人間力の向上
――自走し始めた社員たち

第五章

向上心のある社風に

――自ら学び、考え、行動できる組織へ

第六章

廃棄物業界の発展と社会貢献
――ゴミのプロとしての使命と役割

終章

日本の未来のために
——子どもたちに残したい思い

序章

峠テル子の生い立ち

——楽天家の母と二人で戦中戦後を生き抜く

〝特攻〟の町、知覧に生まれて

私と名晃の社員たちの話の前に、私がなぜ、名晃という企業を率いるようになったのか、私の生い立ちについて少し話しておきたい。

私は一九四二（昭和十七）年、薩摩半島の南部中央にある鹿児島県川辺《かわなべ》郡知覧《ちらん》町（現・南九州市）で生まれた。「知覧」といえば、多くの方がイメージされるのは〝特攻〟ではないだろうか。戦時中、知覧には大日本帝国陸軍特別攻撃隊の飛行場が置かれ、ここから多くの特攻隊員が出撃し、命を散らせたことで知られる場所だ。

飛び立つ前の彼らの世話をしたことで有名な鳥濱《とりはま》トメさんの話は、何度も舞台化や映画化されているので、ご存知の方も多いと思う。この鳥濱トメさんの経営していた「富屋食堂」から、少し離れたところに私の生家はあった。ここに戦中、兵隊さんたちが泊まりにきていたことをはっきりと憶えている。彼らは特攻に出る直前のことだったのだろう。私は当時、三歳くらいの子どもだったので、特攻の意味がよく理解できていなかった。まだ十七、八歳くらいのかわいい兵隊さんが「何か手伝わせてください」と言うので、一緒に里芋を掘りに行ったこともある。天秤棒の前と後ろに縄でかごをぶら下げて、前のかごには私が乗り、後ろのかごには里芋をたくさんのせて兵隊さんが担ぎ、道を歩く。その兵隊さんたちは、必ずしも農家の出身というわけではなかったが、芋を掘ったり、うちの台所も手伝ってくれたりした。

私は子ども心にそれがとても楽しく、その若い兵隊さんたちの顔が忘れられない。しかし、おそらく彼らはその後出撃して、二度と戻ってくることはなかったのだろう。そう考えると胸が締めつけられる。彼らは故郷に残してきた兄弟や両親に思いをはせながら、私たちと人生最後の時間を過ごしたのだろう。

父を亡くして

私の父は大工の棟梁をしていて、多くの職人さんたちを抱え、県庁や学校の建設といった公共事業にも関わるやり手だった。ところが、私が二歳か三歳の頃に破傷風であっけなく死んでしまった。そのため私に父の記憶はほとんどない。

戦時中に一家の大黒柱を亡くしたのだから、暮らしむきは大変だったのだろう。とはいえ、知覧の街自体は空襲にはあっていないし、食べるものに困った記憶もない。田舎なので自給自足で芋や麦は自分たちの手で作れるし、養豚もしていたので、ひもじい思いをすることはなかった。

母も私も、くよくよしたことのない楽天家。ただ、父の羽振りが良かった頃を知る人たちは、母を「大奥様」と呼び、私をお嬢様扱いして、いろいろ面倒を見てくれた。そのことに子ども心に違和感を覚えた時期もある。

母は「大奥様」ゆえに世間知らずだった。戦後の農地改革などで、おそらくほとんどの財産は没収されてしまったのだろう。気がついたらわが家には何も残っていなかった。そこからは貧乏暮らしが始まり、母は日銭を稼ぎに働きに出る。私も物心ついてからは、できるだけ家事を手伝うようにした。

学校に通うようになってからは、私も下校後、母の畑仕事を手伝ったりしながら、なんとか戦後の混乱期を女ふたりで乗り切った。

「母を大奥様にしたい」一心で工業高校へ進学

高校進学を考える時期になると、私は中学の先生に「工業高校に入りたい」と相談した。ちょうどその頃から女性も工業高校に入れる制度に変わっていたので、薩南工業高校に入学。やはり女子生徒は少なく、たった四人だった。

この薩南工業高校は、奇《く》しくも亡くなった父が建設に携わった高校であった。当時の日本は高度成長期に入り、建物もどんどん建てられている時代だったので、単純に「建設業ならお金儲けができる」と思い込んでいた。「建設業で会社をつくって儲ければ、母をもとのような大奥様にすることができる」――。その一心だった。当時から商売っ気があったのだろう。

十八歳で高校を卒業し、大阪の通信設備の工事会社に就職することにした。その会社は電電公社（日本電信電話公社。現在のＮＴＴグループの前身）の工事を請け負っている会社だった。当時、電電公社といえば国の超優良企業。その工事を請け負っている会社なら間違いないと考えたのだ。ちなみにこの会社は今も存続していて、東証プライムに上場している大企業だ。

大阪で就職するとなれば、故郷に母をひとり置いていくことになるが、「早くお金を儲けて、母を引き取りたい」という気持ちのほうが勝って、あまり気にならなかった。また母も強い人で「地元で就職しなさい」とか「遠くに行かないで」とは一切言わなかった。

こうして私は高校卒業と同時に、故郷をあとにした。振り返ると、この頃から「自分で仕事をして稼ぐ」という気持ちが人一倍強かったのだろう。

第一章

夫との出会い

——廃棄物収集の世界へ

事務員として働き始める

大阪で、電電公社の設備工事を請け負っている会社に就職し、工業高校卒ということで「土木部」に配属になったのだが、ここで職場の差別の現実に直面する。私が就職した昭和三十年代は、まだ男女雇用機会均等法などという法律はなく、職業における男女の差別が平然とまかり通っていたからだ。「土木部」とはいっても女性が現場に出るわけではなく、いわゆる事務員のひとりとして採用されたに過ぎなかった。

現場としては「嫁入り前の娘が現場でケガでもしたらどうするんだ」という配慮があったのかもしれない。しかし私には、結婚までの腰掛けなどという気持ちはまったくない。「早く仕事を覚えて会社を興したい」という気持ちで大阪に来たのだから、仕事らしい仕事ができない悔しさでいっぱいだった。

それでも会社勤めが続いたのは、土木部の部長さんにかわいがっていただいたことが大きかった。この部長さんは電電公社から出向されていたのだが、何かにつけて私に目をかけ、大切にしてくれた。私の「一旗揚げて、早く母親を呼び寄せたい」という志《こころざし》を理解してくださっていたのだろう。後年、ご恩返しがしたいと思ったのだが、そのときは残念なことに、既に亡くなられていた。

現場に出られない代わりに、私が担当していたのは、地方の工場に図面を届けるという仕事だった。工業高校で図面の勉強もしていたのに、図面を描くわけでもなく、それを届けるだけ。いわば誰にでもできるお使いだ。「同世代の男性社員たちは、現場で毎日経験を積んでいるのに、自分は何をしているのだろう」という忸怩《じくじ》たる想いが、自分の中では消化しきれずにいた。

二十四歳で結婚退職

そんな私に大きな転機が訪れた。のちに夫となる峠清文さんとの出会いだ。清文さんはゴミの処理を委託したい企業さんを探し、処理業者に仕事をまわす。いわゆるブローカーだった。

ある日、清文さんがうちの事務所にフラッとやって来たのだが、たまたま係の人が不在だったので、私が対応したのが出会いだった。その後も彼はちょくちょく顔を出すようになり、ついには私にプロポーズしてくれた。私も彼を「元気でたくましくて男前で……」と憎からず思っていたので、プロポーズされたときは有頂天になってしまった。「建設業で一旗揚げて母親を大奥様に」という野望をもって大阪に出てきたにもかかわらず、現実は厳しく、女性だというだけで現場にも行かせてもらえない。「この先、いったい私はどうなるのだろう?」と不安を抱えていたところに、十歳年上の清文さんからのプロポーズ。嬉しくないはずがない。

二十四歳で結婚退職。大阪の阿倍野区というところに新居を構え、夫の事業も順風満帆。幸せな結婚生活のスタートだった。

消火器の営業で起業資金を貯める

夫は仕事熱心でよく働く人。だからしっかり稼いでいるはずなのだが、稼いだ分だけ使ってしまうタイプ。もちろん、お米や必要なものを買うぐらいのお金は渡してくれるので、私はそれが普通だと思っていた。しかしあるとき、米びつがカラになった。「お父さん、お米がありません」と言ったら、夫はテレビを質入れして、そのお金でお米を買ってきた。

二人の子どもにも恵まれ幸せな家庭ではあったが、こんな状態では将来、子どもたちの学費にも困るかもしれない。これではいけないと思った私は「私もセールスに出ます」と宣言して、産業廃棄物処理のセールスを始めた。夫と担当エリアを分けて、夫は大阪の南エリアを、私が西エリアをまわる。生真面目《きまじめ》な私は、時間の許す限り営業してまわるので、それなりの成果が上がった。

私が契約を取って夫に報告すると、夫はその企業に自分で集金に行く。結局、契約を取った私のところにはまったくお金は入ってこない。私に給料をくれるわけでもないので、私はタダ働き。これにはさすがに頭にきた。私は作戦を変え、新聞の求人欄で見つけた消火器のセールスを始めることにした。

雨が降ろうが風が吹こうが、会社や個人宅を一軒一軒訪問する、いわゆるどぶ板営業を続けた。

自分に営業の才覚があったかどうかはわからない。とにかく、あきらめずに何軒でも訪問する。その原動力は「自分でお金を貯めてゴミ収集業を始めたい」という目標だった。とにかく収集車を一台、購入しなければならない。その資金を貯めるまでは、へこたれてなどいられなかったのだ。

私は成績を上げ、とうとう大阪のトップセールスになった。お金もどんどん貯まっていき、そのお金で「私は事業を始めます」と夫に宣言。ただ、大阪にいたら同業他社も多いことから、場所を変えようと決心した。二番目の兄を頼って愛知県に移り、そこで事業を始めた。新しい仕事を始めるなら身寄りのいない大阪よりも、兄のいる愛知のほうが心強いと思ったのだ。

一九七〇（昭和四十五）年、私たち家族は愛知県春日井《かすがい》市に拠点を移し、二トンの中古ゴミ収集車を一台購入して、ゴミ収集業を始めた。大和清掃の始まりである。「大和」という名前は、夫の出生地である奈良大和にちなんでつけた。

当時はまだ清掃法もなく〈清掃法施行は一九七一〈昭和四十六〉年九月〉、この尾張エリアに他の業者はほとんどいなかった。実際にゴミ収集を始めると、夫は朝昼夜なく、ほんとうによく働いてくれた。夜、まだ小さかった子どもたちが泣くと、夫が眠れなくなるので、私は子どもたちを連れて外に出た。近所の橋のたもとでお月さまを見上げながら子守歌を歌った。その情景を今でも思い出す。

会社の会計を握るために中小企業診断士に挑戦

私たちは懸命に働き、仕事は順調に拡大していった。三年後には大和興業（現・大和エネルフ）と名前を変え、人も数人雇い入れ、産業廃棄物の破砕処理施設も持ち、順風満帆に見えた。しかし、私は油断できないと思っていた。それは、夫が財布の紐を握っている限り、わが家の経済事情は安定しないということが骨身にしみていたからだ。

夫婦二人三脚で始めた会社だが、会社の社長はあくまで夫であり、私は専務という立場で夫より強い権限は持てない。それならば会計をしっかり握ろうと考えて、中小企業診断士の資格を取得しようと思い立った。

独学では難しいので、元銀行員の人たちが集まる名古屋の勉強会に参加して熱心に勉強した。試験当日アクシデントがあり、試験を受験することができなかった。そのときは「また来年、受験すればいいわ」と安易に考えていたのだが、翌年になると忙しさで勉強する時間が取れず、やる気もなかなか起こらない。結局、合格しないままになってしまった。

中小企業診断士の勉強が経営に生きる

ご存知のように中小企業診断士にはさまざまな科目がある。「経済学・経済政策」から「財務・会計」「中小企業経営・政策」まで実に多岐にわたっている。私は結局、合格はできなかったが、合格をめざして必死に勉強したことが、今、会社経営のすべてに生きていると感じている。

たとえば法律。法律は絶対に守らなければならないもの。しかし、そういう意識を持っていないと、どこかでつい、いい加減になってしまう。身近な例で言えば、交差点の信号。黄色なら行っていいという考えを持ちがちだ。しかし、仕事の上ではこれが大きな問題になる。私が「黄信号で行ってもかまわない」といい加減に考えていたとすれば、その緩みは社員にも伝わってしまう。社員が私と同じように考えて「黄信号なら行ってもいい」と車を進め、仮に事故でも起こしたら？　われわれ廃棄物収集の仕事は、法律によってさまざまな規制がある。そもそもゴミの収集をするのでさえ、免許制だ。そんな自分たちが法律を守らないとなると、ビジネスが成り立たないのだ。

私は法律を守るということを社員に徹底するようにした。もし違反する者がいたら、それは厳しく処分してきた。その考え方のもとになっているのは、中小企業診断士の勉強をしていたときに、法令遵守を叩き込まれたからだ。

夫婦でゴミ収集を始めた昭和四十年代、需要はあった反面、不法投棄や野焼きが蔓延していた。今でもちょくちょくニュースになるが、業者はさまざまで、きちんと処分している会社もあれば、いい加減なことをしている会社もある。そんな中で、うちは法律をしっかり守って、それをうちの特徴にすればいいと考えていた。永続的な会社の存続には遵法精神の徹底は当然のことだが、それ以上に厳しい自社の基準も守るように社員に檄《げき》を飛ばした。その方針は今もずっと変わらない。

人間は常に勉強だ。それはいくつになっても同じである。八十歳を超えた私が、今も働いて多くの方と関わらせていただいているのは、常に学ぼうという気持ちがあるからだと思っている。特に私は新聞が大好きでよく読んでいるし、本もたくさん読む。世の中の動きを知らなければ、経営なんてできるはずがないと思っているからだ。

第二章

社員と向き合う覚悟

——ヤンチャ坊主たちとの闘い

名晃の誕生

一九七〇（昭和四十五）年に起ち上げた大和清掃は順調に売上を伸ばし、三年後には大和興業と名前を変えた。夫・清文が亡くなった二〇〇八（平成二十）年以降も、大和エネルフの名で事業を継続し、今日《こんにち》に至っている。

一方、私が代表を務める名晃だが、こちらは岐阜県安八《あんぱち》郡にあり、大和エネルフとは営業エリアが異なる。設立は一九八一（昭和五十六）年。夫の友人がこの安八郡に住んでいたことで「ゴミの仕事をやらないか」と夫が持ちかけたようだ。その人は安易に引き受けてしまったが、自分ではやりきれなかったらしい。「清ちゃん、できないわ」と途中で断ってきた。それで夫が「おまえに任せる」と私に託したのが始まりである。

私も会社の起ち上げのノウハウをすべて知っているわけではなかったが、過去の経験から段取りの想像はできたので「この申請はこの役場に……」と一切合切引き受け、なんとか会社として設立することができた。

ゴミの仕事に向けられる世間の目

産業廃棄物業、平たく言えば企業から出るゴミを集め、処理する人というのは、今でこそエッセンシャルワーカーと呼ばれ、人々の生活を支えるために必要不可欠な仕事をする人と認識され始めている。しかし、職業に貴賤《きせん》なしとは言うものの、昭和の時代は下層の仕事のように見られていた。ゴミを収集・運搬、処理する仕事に対しての偏見は、今でも払拭《ふっしょく》されたとは言い難いと思っている。

長男が子どもだった頃、学校から泣きながら帰ってくることがよくあった。理由を聞いてみると「ゴミ屋はくさい」と同級生たちにはやしたてられ、いじめられたと言う。ゴミの収集車は毎日、徹底的に掃除をするので、実際にはにおいなどまったくしない。それでも「ゴミ屋はくさい、汚い」という偏見がある。これはなかなかやっかいで、そのイメージを業界全体で変えていく必要があると考えた。

入社してくるのは未経験者ばかり

夫と二人で始めた大和清掃だが、社員を採用するようになると、採用活動から社員教育は主に私が担当することになった。

日本が経済的に発展し、ホワイトカラーの仕事が主流になっていく中で、いわゆる3K（きつい、汚い、危険）の代表のようなゴミ屋の仕事に喜んで入って来る人はいない。だから、この業界で働きたいと言う人は大歓迎だ。頭を使う仕事より体を使う仕事を選んで入社した人がほとんどだが、体力だけに頼っていては情けない。長い人生、読解力と人間力も大事。その思いから人材育成に本腰を入れて取り組み始めた。

「オレもとうとうゴミ屋か」

入社した社員は、表立って口には出さなくても、心の中では「オレもとうとうゴミ屋か」という自虐的な気持ちを持っているのだ。

ある社員は息子さんに「パパはゴミ屋だからくさい」とバカにされたと言う。そんな状態だから、入社してくる社員たちはどこかやけくそになっていて、わざと汚い格好をしたり、首に真っ黒になったタオルを掛けて仕事場を闊歩《かっぽ》したりする。今でいう自己肯定感が圧倒的に低いのだ。自分の仕事、生き方を肯定できず、家族や周囲からも白い目を向けられる。その行き場のないモヤモヤをどう発散したらいいのかわからないのだろう。

この社員たちをどう教育し、一人前に育てていけばいいのか。私と社員たちの長きにわたる闘いが始まった。「この会社に入社してよかった」と心から思えるような社員に育ててあげなければと、私は心に誓った。

縁あってうちに来た子たちを幸せにしたい！

「峠さん、よくそこまで他人の子に愛情を注げるね」と言われることがよくある。確かに自分がお腹をいためて産んだ子ではないし、ヤンチャに育てたのも私ではない。しかし、縁あってうちの社員になったからには、社員たちはわが子同然だと考えている。そんな気持ちがあるので、私は取材などで会社のことを話すときに、つい「社員」とは言わず「うちの子たち」と言ってしまう。

私は鹿児島から大阪に出て来て夫と知り合い、結婚し、子どもにも恵まれた。会社を興し、ここまで順調に幸せに生きている。だからこそ、うちに来てくれた社員には、とにかく幸せになってほしい。その気持ちしかない。

人間というのは、必ず人と関わり合って生きている。私も今までほんとうに多くの方たちにお世話になり、ご恩をいただいた。ただ残念なことに、そのすべての方たちに直接ご恩返しができるとは限らない。

「どうしてこんな考え方を持つようになったのだろう？」とふと考えることがある。突然、車を運転しているときに気づいたことがあった。私は毎日車を運転し、高速道路を利用している。合流する際に、若い人が運転している車がシューッと猛スピードで走って来る。「絶対に入れてやるもんか」と言わんばかりにスピードを上げて行くので、とても危ない。そうかと思えば、ゆっくり走って来て「どうぞ」と入れてくれる人もいるが、これはとても嬉しい。お礼を言いたいのだが、先に入ってしまうから、言えないのが残念。「入れてやらない」と意地悪されることもあれば、「どうぞ、どうぞ」と入れてくれるやさしい人もいる。でも、やさしい人にお礼を言うことはできないなら、自分も同じように、合流する車がいれば「どうぞ、どうぞ」と入れてあげる。入れてくれた人にはお礼が言えない分、他の人を入れてあげる。世の中とはそういう循環で成り立っていると思うのだ。

私のこれまでの人生に関わってくれた多くの方々への感謝を、うちの社員たちを育て、地域や社会に貢献することでお礼がわりに。だからといって、私の自己満足のために社員を利用しているわけではない。うちに入った社員は、うちに縁があったのだから、絶対によその企業に行った人たちよりも、彼らの友だちの誰よりも絶対に幸せにしたいと思うのだ。

そのためには「まずは自分の幸せを考えましょう」と社員たちに伝える。私としても会社を経営しながら、子育てをしながら、ＰＴＡをやりながら、いろいろなボランティアにも関わってきた。世の中のためになると思えば、少々無理をしても引き受けてきた。そうすることで人様にも認められ、人脈や信用もでき、今日の幸せな暮らしがある。

うちの社員たちにも将来的にそうなってもらいたい。とにかく仕事をして、たまには地域に貢献し、人様に認められ、最後は「いい人だったね」と言って惜しんでもらえる。そういう幸せな人生を歩んでもらいたい。そのためには、一人ひとりと向き合っていこうと努めている。彼らはそう思っていないかもしれないが、みんな大事な社員なのだ。うちに来たことで、少しでも幸せになってくれたら、私はそれがいちばん嬉しい。

社員の定年退職後を考える

入社してきたときのまま「オレはゴミ屋。フン」とひねくれて仕事をしている社員のことを、認めてくれる他人など世の中には存在しないだろう。そのままでは年を取ったときに惨《みじ》めな生活を送るだろうなと、つい、私は想像してしまう。

日本の高度成長を支えた終身雇用制が実質的に成り立たなくなった現在、その場しのぎで人を増やしたり、非正規で人を採用することは多くの企業が行っていることである。しかし、私としては、うちに来てくれた人に対しては、会社としてその人の生活が成り立つだけの報酬を払い、六十五歳の定年までにうちでしっかり教育して、人間として成長してほしいと考えている。ちなみに名晃の定年は六十五歳だが、働きたいという希望があれば、延長して働いてもらうことを歓迎しているし、実際にそういう社員も在籍している。

そして定年退職したら、地元で声をかけられて、自治会か何かの役員になって、そこで地域の困りごとの解決のために行動する。あるいは解決のリーダーシップを取る。最後、亡くなったときは「あの人はいい人だったね」とお線香の一本もあげてもらえる。それが最高ではないかと思っているし、実際に社員にもそう伝えている。

これは名晃の社員の中で笑い話になっているらしいが、入社が決まった人に私は「とにかく自分が辞める定年までしっかり勉強して、生涯の幸せを考えましょう」と言う。そうしたらその人が「オレ、今、入社したばかりなのに、どうして定年のことまで言うんですか？」と目をまるくしてひっくり返りそうになっていた。私があまり真剣に言うものだから、その人も「こんな会社、聞いたことがない」「定年退職するときまでに立派な人間になるんだよと初めて言われた」と、語り草になっているようだ。景気が悪くなればリストラだと言って、人を使い捨てにする風潮のある昨今、入社した途端、社長が定年のことを話す企業は確かにないかもしれない。

うちの社員たちには、ほんとうに幸せな老後を送ってほしい。私の願いはただそれだけだ。若いうちは苦労してもいい、尊重されなくてもいい。けれど、人生の最後くらいは最高の時間を送りましょうよと口を酸っぱくして言う。でも若い社員たちは「そんな先のこと、考えられないわ」とそっぽをむく。「すぐに年を取ってしまうよ」

と言うと、「年なんか考えたこともないっす」と切り返してくる。確かに若いうちは先のことなど考えられないのかもしれないが、後になって「しまった。社長がすぐに年を取ると言っていたな」と後悔しないように、名晃で存分に学び、成長していこうと思ってほしい。

自分で生きる力をつける

名晃発足当時、今から四十年くらい前である。うちの社員たち、全員が幸せな家庭に生まれたかどうかはわからない。どこかでずれてしまって、何かというと「オレなんか」と自分を卑下している。入社してきた際にあまりに反発ばかりするので「あなたも幸せになりましょうよ」と言うのだが、「オレには関係ない」「ほっといてくれ」と聞く耳を持たない。「そんなことを言っているあいだに年を取ってしまうよ」と言うと、「は？　考えたことない」と答える。

そこで考えたのが、「自分で生きる力」をつけさせなければいけないということだった。彼らは耐える、こらえるということを知らず、少しでもイヤなことがあればすぐに人やモノにあたったり、辞めていく。辞めて他社に転職しても、またイヤなことがあれば辞めて次に行く、そのくり返し。辞めていった人の噂を聞いたら、どんどんおかしな方向にいっている。せっかく縁あってうちに来た人が、それではいけない。いくら世間からゴミ屋と言われようとも、うちでその悪循環を止めて、その人に幸せな人生を送らせないといけない。人は裸で生まれてきて裸で死ぬ。それはお金持ちもそうでない人もみんな同じなのだ。

入社してきた人たちは「辞めさせたらダメ」と思う一方で、私はどうしても社員に「勉強しなさい、勉強」と言い続ける。そうしないと、私が真っ当なことを言ってもすぐに曲解したり悪いほうに取って、社長（夫・清文さん）に「専務にこんなことを言われました」と告げ口をするからだ。私は彼らのためになることしか言っていないつもりなのだが、彼らはすぐに悪いほうに受け取ってしまう。まずはそこから直していかなければならなかった。

ケガや事故が絶えない現場

名晃に入ってきた社員には「オレもとうとうゴミ屋か」と吐き捨てる人がいる。もちろん、口に出さない人もいるが、心の中ではそう思っているのだ。「自分も落ちたものだ」と。自己肯定感の反対で、自己否定感を持ってしまっている。だから、仕事に対してもどこか投げやりで乱暴。ゴミを扱うときも足で蹴る始末。箕《みの》というゴミをすくう道具があるのだが、ゴミを寄せて、箕に向かって足で蹴って入れて、箕に集めたゴミを車に積み込むという荒い作業をする。

やわらかいゴミならまだしも、企業が出すゴミだから、当然、硬いものもある。それを乱暴に足で蹴るものだから、むこうずねはケガだらけ。でも、自分のケガをケガとも思っておらず「まあ、ケガしてもしかたないなあ」くらいにしか感じていない。自分を大事にしないのだ。

私が現場を見にいくと、足を引きずっている社員がいるので「どうしたの？」と聞くと、「何でもないっす」と答える。足を引きずっているのに何でもないことはないと思って、ズボンの裾をめくって見たら、傷口が悪化して膿んでいる。

本人は強がって、それでも平気だと言い張る。私が「すぐに病院に行きなさい！」と言うと、「こんなことで病院に行ったら男がすたる」と虚勢を張る。それを聞いて私は「社長命令。病院に行きなさい！」と強い口調で怒鳴った。「社長命令」などという言葉を使ったのは、このときが初めて。以後、今まで使ったことはない。その社員は病院に行き手当てしたが、それでも同じようにケガする子もいたし、収集車の交通事故もたびたび起こった。

私からすれば「うちに来てケガして人生をダメにしたら、申し訳ない」と心配するわけだが、彼らはケガをケガとも思わない。「ゴミの仕事をしていたら、ケガなんかしかたないわ」と強がるだけ。自分の将来、未来のことは考えていない。

負け犬根性をたたき直す

会社の規模拡大とともに人を採用していると、ほんとうにいろいろな人が来るなと思う。

彼らは大きく二つのタイプに分かれるように感じる。ひとつは何事にも消極的で、悪いことは自分の責任だと思い、言葉をのみ込むようなタイプ。「どうしてそこまで自分が悪いと考えるの？　あなたには関係ないし、責任はないじゃないの？」という人だ。逆に「オレは何も悪いことはしていない。あいつが悪いんだ」とうまくいかないことはすべて他人のせいにする人。タイプは違っても根は一緒。素直なのだが、自分の気持ちを他人にうまく伝えられなくて、どこかで右か左かに道をそれてしまったのだ。

私自身は真面目だったが、会社に入ったら、女性だというだけで思うような仕事をさせてもらえなかった。そうこうしているうちに清文さんと結婚して、会社を経営するようになった。だから、思うように仕事ができなかった自分と彼らを照らし合わせているところがあるのかもしれない。「あなたは男でしょう。五体満足、健康なのだからみんなが期待しているのよ」とハッパをかける。今ならジェンダー差別で怒られるかもしれないが、それくらい言わないと自分に自信が持てない子たち。それでも

「オレなんかにはできません」と尻込みする。その負け犬根性を直すまでにどれほど時間がかかることか。ほんとうに十年も二十年もかかる。

それでもうちの会社にいてくれればいいのだが、誰かが辞めたら「おい、辞めるぞ」と仲間を誘って一緒に辞めていったりする人もいる。負け犬根性を取っ払って、社員にどうやってやる気を起こさせるか。これはほんとうに難しい問題であった。

意識改革はあいさつから

世間の偏見をはね返し、社員にやる気を出してもらうために私が最初にしたこと。それは「あいさつ」の徹底だった。

入ってきた社員たちは、あいさつひとつできない。「オレ、ゴミ屋」とやけくそになっているので、他人に対しても無礼な態度を取る。お客様に対しても正しい言葉遣いができない、そもそもあいさつをしない。自分の取引先であるお客様にさえあいさつしない。そんなことが社会で通用するはずはない。だから「ゴミ屋はその程度の社会常識もない」と下に見られてしまうのである。そんな偏見をなくすためには、自分たちを変えていくこと。その第一歩として、しっかりあいさつができる社員に育てようと考えた。

率先垂範《そっせんすいはん》、私は社員たちの顔を見るたびに「おはようございます」「お疲れさまでした」と、大きな声であいさつをする。それでも、ほとんどの社員が「フン」と顔を背《そむ》けたり、露骨にイヤそうな顔をする。「ちはっ」なんて声に出して言ってくれるのはまだいいほう。無視したり睨《にら》んだり、いくら「あいさつをしましょう」と声をかけても、いっこうにあいさつを返してくれる社員は増えない。たぶん、それまであいさつなんかしたこともなかったのだろう。それでも私は言い続ける。声をかけ続ける。それしかないのだ。

こちらから先にあいさつをするということは、「私はあなたの存在を認めていますよ」というシグナルであり、話すきっかけのひとつなのだ。あいさつを返してくれなくても、こちらが声をかけ続ければ、その人に「自分の存在をわかってくれているんだ」という気持ちが生まれるはずである。

「あいさつしたら、いくらくれる？」

私があまりに「あいさつをしなさい」と口うるさく言い、姿勢や声の出し方など、細かいことまで指導するので、社員の中には「あいさつしたら、いくらくれるんですか？」という人や、「あいさつ、あいさつとうるさいから、オレは辞めます」という社員も出てきた。

私はもちろん、辞めてほしくはない。しかし、それを引き留めることもできないと思っていた。「あいさつをすることすらイヤがって、他社に行って務まるのだろうか？」という親心もあるし、「うちで頑張れば、悪いようにはしないのに」といった気持ちもあった。しかし、それもご縁。しかたがないのだ。

厳しいことを言い続ける覚悟

昨今の若い人たちは、大人に叱られることに慣れていないそうだ。なかには、親にも怒られたことがないという人もいる。だから、厳しいことを言うとすぐに辞めたり、反発する人たちがいた。今はパワー・ハラスメントにも厳しい時代なので、社員を指導する立場の方たちも、厳しさとやさしさのさじ加減がとても難しいだろうと思う。

私はと言えば、厳しいことを言う社長だという自覚はある。そこはブレない。厳しいことを言って辞めていく人がいたとしても、それはしかたないことだと考えている。ただ、やりにくい。生まれてこの方、厳しい言葉を言われたことがないという人に向けて、あえて厳しいことを言う。でも、信念は曲げない。やれるだけのことをやって、それでもこちらの気持ちが伝わらなければ、それも運命だと思っている。とにかく社員のためになると思うことは、どんなに嫌われても言い続ける。その覚悟だ。

そして、それは一朝一夕《いっちょういっせき》に成果が見えるものでもないと思っている。人の教育に王道はない。ただ愛をもって言い続ける覚悟と根気。それが最も重要だ。

社員を叱るのは私、酒場でなだめるのは夫

「あいさつをしましょう」というのは、最初に起業した大和清掃の頃から言い続けてきた。いくらこちらから「おはようございます」と声をかけても、無視したり、睨みつけてきたり、口には出さなくても「うるさいな！」という態度があらわれている社員がほとんどだった。

それでも私は「あいさつがこの子たちの仕事のスタートラインだ！」と思っていたし、とにかく元気とやる気を出してもらわなければいけないと思って、言い続けていた。

そのうち、夫から苦情がきた。「あいさつ、あいさつとおまえがうるさいから、社員たちが辞めていく」と。「あいさつ、あいさつといいかげんにしろ！　おまえがや

めろ！」と言われてしまったのだ。そこで私は一カ月ほど黙って様子をみることにした。

しばらくすると、外から「おはようございます！」と大きな声が聞こえてきた。私のあいさつを無視し続けている社員の声だ。「何？　何があったの？」と驚いていると、「おまえたち、もっと大きい声を出してあいさつしなさい」という夫の声が聞こえてくる。そうしたら、いつも私を無視している社員たちが嬉々として「おはようございます！」と声に出しているではないか！

実はこれには裏があった。夫は仕事のことで社員を叱り飛ばすことはよくあるが、決してそのままにはしない人だった。叱った日は「おい、飲みに行くぞ」と、その社員を連れて夜の街に繰り出すのだ。そこで社員の本音を聞いたり、なだめすかしたりしていたのだろう。社員たちはそのことを知っているから、みんな順番待ちである。

今回のあいさつに関しても、このパターンが密かにくり返されていたのだ。

私が「あいさつしなさい」と言わなくなって、誰もあいさつをしなくなったら、夫は社長である自分が、今度こそ指導しなければならないと思ったのだろうか。「少しは援護射撃してやろう」と思ってくれたのかもしれない。これは私に対する愛情か。

よく聞く話で、厳しく叱る社長と、それをやさしくなだめる社長夫人という関係図があるが、うちの場合はまったく逆。

もっとも夫にすれば、社員を連れて大手を振って飲みに行けるのだから、一石二鳥だったのかもしれない。ただ、夫も不思議なもので、そういうときでも家で晩ごはんを食べてから出かけていた。街に出たら飲食店はたくさんあるし、美味しいものだって食べられるはずだ。なのに必ず家で食事をするので、私も精一杯、食事を作った。よく考えたら、食事で夫の胃袋をつかんでいたのかもしれない。

夫の協力もあり、あいさつは社員のあいだでじょじょに浸透し、今では「名晃式あいさつ」と言われ、名晃を語るときになくてはならないものになった。

第三章

仕事への誇りとやりがいを育てる

――名晃流・ゴミへの感謝が生まれるまで

「ゴミに対して礼をつくそう」

あいさつをするのは最低限のマナーで、ごく当たり前のこと。それだけで喜んでいるわけにはいかない。

私は「この子たちを名晃で不幸にしてはいけない。ケガや病気にさせてはいけない」という一心で、何かいい方法はないかと考え続けた。そこで思いついたのが「ゴミに対して感謝する」というものだった。ゴミを扱うことを仕事にしているのだから「廃棄物に対して『ご苦労様でした』と一礼してから手をつけてください」と指導を始めたのだ。

これに対して反発は大きく「何ですか、それ?」と誰もやろうとしない。私も何度も言い続けたし、ついには自分の車で収集車の後ろについていって、「『ご苦労様でした』と言って、頭を下げてください」と促した。

そこまでしても、なかなか声に出して「ご苦労様でした」と言う社員はいない。そ

ゴミに向かって「ご苦労様でした」と大きな声で、笑顔で、30度の角度でお辞儀をする

れはそうだろう。これまでも言ったことがないし、ゴミに対して感謝の気持ちを少しも持っていないのだ。彼らにとって、ゴミは自分たち以下のどうしようもない存在なのである。そのゴミに対して頭を下げて感謝しなさいと言われても、「何のこと？」とまったく理解できない。

それでも私にうるさく言われ続けて、渋々、小声で言うようになった。私は「まだまだ！」「声が小さいよ。声が小さかったらゴミに聞こえないよ！」と言い続ける。怖い顔をして言っている社員には、「笑顔で！　そんな怖い顔をしていたら感謝にならないよ」と。「大きな声で！」「笑顔で！」「頭を下げるのは三十度で！」と細かく指導した。

社員たちは私がおかしくなったと思ったかもしれない。しかし私は、社員にケガをさせたくないというのが本音だった。ゴミを卑下して蹴っ飛ばして、足を悪くして、一生引きずるようになったら、この人たちは年を取ってからどうなるのかと、それだけが心配だったのだ。とにかくケガだけはさせたくない。

もっと自分を大切にしてほしい。仕事への取り組み方も考えてもらいたかったのだ。そのために考えたのが、ゴミに感謝する、お礼を言うことだった。もちろん、相当、抵抗はあった。

私もなかば意地になり、社員一人ひとりに「言ってくれた？」「言ってくれた？」と聞いてまわる。そんなことが長いあいだ続いた。

聞こえてきた「ご苦労様でした」

お客様のところで収集したゴミは、輪之内リサイクルセンターに集められて仕分けされる。それは「みんな、ちゃんと仕事をしているかな」と見に行った日のことだった。現場事務所にいると「ご苦労様でしたー」という大きな声が聞こえてきたのだ。私が驚いて事務所から飛び出していくと、現場の社員四名と、重機を運転している社員一名が、ゴミに向かって深々と頭を下げているではないか！　私は感激して「ありがとうー」と叫んだ。すると、重機を運転していた社員がマイクを通して「社長、プレイボールですよ！」と言ったのだ。

ゴミに頭を下げて「ご苦労様でした」とねぎらい、感謝することで、彼らの心の中でも何かが確実に変わったのだと思う。ここまでくるのに十年ほどかかったが、その後はゴミを蹴ることがなくなり、ケガする社員もいなくなった。ほどなく交通事故も減った。

最初は誰も理解してくれなかった、ゴミに一礼するという習慣。ケガの防止という観点ともうひとつ、私は「ものを大切にすること」を折にふれて話してきた。

たとえば、目の前に三十年間使ったボロボロの事務机があるとしよう。新しい机を購入したからと、名晃に電話がかかってくる。「名晃さん、このボロ机、処分したいんです。早く引き取りに来てください」と。すると、社員がみんなシュンとする。昨日まで大事に使っていたものが、今日はゴミになってしまい、その途端、邪魔者扱いで処分される。しかし、どんな人にも価値も役割もある。ゴミであっても、ゴミになる前は役割があったはず。「とにかく、このゴミたちに、せめてわれわれ名晃の社員だけでも頭を下げて『ご苦労様』と言っても、バチは当たらないよ」と言ったのだ。すると、みんなが神妙な顔つきになってくる。「われわれが『ご苦労様でした』と言って頭を下げたら、このゴミはどれだけ喜んでいることか」と言って、ちょっと喝《かつ》を入れる。それから一人が頭を下げるようになる。一人がやり始めると、また一人、一

ゴミに一礼する社員。今や名晃では当たり前の光景になっている

人とあちらこちらでやり始める。全員が頭を下げるまでには長い年月がかかったが、今ではこれは名晃の伝統になっている。この様子は名晃のホームページに動画がアップされているので、ぜひご覧いただきたい。

https://meikou5s-ajisai.co.jp

「ゴミに一礼」がメディアに取り上げられる

ゴミに一礼をしてから作業に取りかかるのは、ゴミを選別・仕分けする輪之内リサイクルセンターの社員たちから始まった。その様子を見て、今度はゴミを収集・運搬する社員たちがゴミに一礼を始めた。収集・運搬する社員たちは、お客様のところでゴミを集めているから、それを見たお客様も最初はとても驚かれたようだ。「名晃の社員はいったい何をしているんだろう?」と奇異に思われたかもしれない。しかし、一礼を徹底して続けていると、しだいに「われわれの出したゴミに感謝してくれてありがとう」「われわれにまで敬意をあらわしてくれているようだ」という感謝の声が

産業廃棄物を運搬する際の様子

上がり始めた。

この声を今度はメディアが聞きつけて、取材や撮影申し込みが入ってくるようになった。それがまたネットで流れて、それから名晃の知名度がどんどん上がってきたのだ。人は注目されたり、褒められると悪い気はしない。それが社員の自慢や誇りにつながり、刺激になったことは間違いないと思う。

一人ひとりへの声がけが大切

私はとにかく毎日、社員とコミュニケーションを取るように心がけている。社員が育ってくれた今は特にそれが顕著で、一日のうち五時間くらいは社員と話しているし、それが役割だと思っている。

業務のことはもちろん話すが、仕事で悩んでいること、家庭のことなどいろいろな雑談をしている。話を聞いたときは「あなたの今のその苦労は宝ですよ」と私はいつも言う。本人にはピンとこないようだが「そういう悩みを抱えて苦労して、偉い人たちはみんなそこを乗り越えてきたから上にいけたんですよ。そこで『僕はできません』と言ったら、平社員のまんま。あなたならきっとできます。頑張ろう！」と言って励ます。そのくり返し。

とにかく私は、社員に会えば話しかけるし、それができないときはレポートを書いて出してもらうようにしている。出されたレポートには必ず目を通して、コメントや点数をつけて返す。これは双方向になるのでいちばんいい方法だと思っている。「あなたは十点満点で十点が最高だったけれど、満点の十点を突破して今は三十点になっている。だんだんレベルが上がっていますね」と点数をつけて返すと、社員のモチベーションも上がるようだ。とにかく社員一人ひとりを見ることを疎《おろそ》かにはしないように心がけている。社員が四十名ほどの中小企業だから、不可能ではないのだ。

こう言うと「うちは社員が多いから無理です。どうすればいいでしょうか？」という質問をよく受ける。その場合は、私のような人間を社内につくる努力をすることで解決できる。峠テル子は一人しかいないから限界があるが、峠テル子の言うことをコピーできる社員がいれば、その人がまた次の人財を育ててくれる。社員を信じて「頼みます」と言えば、ものすごい勢いで後輩に教えてくれる。

褒めたり怒ったりしながら、ものすごい勢いで限度がないくらい教えているのを見ると、その社員のヤンチャだった頃を思い出して、微笑ましくなる。

ときには家庭円満へのアドバイスも

コミュニケーションを取っていると、社員からは仕事だけではなく、家庭のグチなどが出てくることもある。ある社員が「オレ、もうイヤです」と投げやりに言うので、「どうしたの？」と話を聴いてみると、奥さんとうまくいっていないらしい。だから「わかった。じゃあトイレ掃除を三日だけやってごらんなさい」と言うと、「どうしてですか？」と怪訝《けげん》そうに聞いてくる。「たった、三日ですよ。トイレ掃除のやり方、知ってますか？」と言うと「知ってます」と言うので「じゃあ、難しい？」と言うと「できます」と答えて、二日間、真面目にやったそうだ。

三日目に、掃除の時間がいつもよりも遅れたらしい。そうしたら奥さんに「ふん、三日坊主」と言われたのだそうだ。それで彼は憤慨《ふんがい》して「もうオレは絶対にやらん。

社長、もう無理です」と言ってきた。それで私は「そうしたら一カ月、続けてみましょうか」と言うと「何ですか、それ。長くなってます」と。「いいじゃないの。やれるだけやってみれば」と言ったら、彼は渋々トイレ掃除を再開したらしい。一週間ほど経った頃、地域のゴミ捨て場に自宅のゴミを捨てに行ったら、近所の人に「ご主人、毎日、トイレ掃除をしているんですってね。えらいわ」と褒められたそうだ。彼は褒められたことが相当嬉しかったらしく「社長、オレ、一生トイレ掃除やります」とニコニコしながら報告してくる。

近所の人がトイレ掃除のことを知っていたということは、奥さんが近所の人に自慢していたということだろう。奥さんは話を少し大げさに盛って「ずっとトイレ掃除をしている」と言ったようだ。

その後もときどき奥さんの話を聞いていたので、折りにふれてアドバイス的なことを言ってみた。私が「牛乳びんでも何でもいいから、ちょっと花でも入れて置いてごらんなさい。奥さん、喜ぶよ」と言ったら、彼は素直に私の言うことを聞いて実行したそうだ。奥さんは「何、これ？」と言って、最初は黙っていたらしいのだが、その後、奥さんが花をいけるようになったという話を聞いた。

奥さんを変えるのではなく、少しだけ自分を変えたら、物事が好転したのだと思う。これは極端な例かもしれない。他人を変えることはできないが、自分が変わることで結果的に周囲を変えることができる。イソップ寓話の『北風と太陽』の話と同じである。

社員の家族にプレゼントを贈る

社員の幸せは何かと言えば、それは社員自身の人間としての幸せである。彼らはそれまでの経験からどこかうしろ向きで「どうせオレなんか……」という人が多い。そういう人たちはその自信のなさからか、奥さんにも尊敬されることがなく、家庭でも居場所がなかったりする。給料は他の仕事よりも高いのだが「とうとうゴミ屋か」という目で見られている。奥さんがそういう態度でいると、それを子どもが真似をして、父親を軽んじてしまう。

けれども会社で「よく考えてみなさい。五体満足で何の不自由もなく生まれてきて、最高じゃないですか」と言い続けると、少しずつ笑顔が見えるようになってきた。時間はかかってしまうが、「自分は幸せなんだ」と感じることができるようになり、自分自身を大切にすることを思い出すようになる。自分を大切にできるようになると、今度は家庭が良くなっていく。家庭の雰囲気が良くなって、家族との関係も好転する。そうなると、社員たちは家族や自分のまわりの人たちも大切にするようになるのである。

私としては、名晃で一生懸命に働いてくれる社員を産み、育ててくれた親御さん、毎日支えてくれる家族、この人たちも大切にしたいと思っている。その気持ちをあらわすために、社員はもちろんのこと、社員を通してご家族のお誕生日や子どもの進学などのおめでたい日に社員には一万円、奥様には花の植木鉢、子どもには三千円を贈呈して、ご本人の好きなものを買ってもらうようにしている。

そのかわり、社員には「メッセージカードを書いて、プレゼントと一緒に渡してください」とお願いしている。自分を産んでくれたお母さん、一生懸命働いて育ててくれたお父さんに対して「産んでくれてありがとう」「育ててくれてありがとう」と、ひと言でもいいから書いて渡してくださいよ、と。

「そんなこと、書けないよ」と例によってものすごい抵抗はあったが、じょじょに渡してくれるようになった。

一方の親御さんやご家族からも、私に手紙やメッセージが届く。「名晃さんで元気に仕事をしてくれているのが何より嬉しい」という親心や、「お父さんが頑張ってくれていて、社長さんからもお祝いをいただいたので、高校進学の新しい文房具を買わせていただきました」といった嬉しい内容が届く。社員からも「社長、この手紙、見てください」と持ってくるので、読んでみると「パパ、尊敬しています」と書かれていた。社員は目を潤《うる》ませて「家族との仲が良くなりました」と伝えてくれる。

このような交流をずっと続けていると、その社員の家庭の状況もよくわかる。「パパ、くさい」と言っていた子どもが親を尊敬するようになり、家庭も円満になって、社員たちは毎日の仕事に前向きに取り組んでくれるようになるのである。

努力したことは褒める

昨今、モラル・ハラスメントやパワー・ハラスメントの影響で、社員を叱ることが難しくなっている。そのため「褒めて育てる」がスタンダードになっているようだが、私は社員に会えば必ずねぎらうようにしている。

たとえば暑い日なら、「今日は暑かったね。大変だったね。ご苦労様」と声をかける。このひと言をかけるのとかけないのとでは大きな違いがある。社員にねぎらいの言葉をかけるのが自分の仕事だ、と思っているくらいだ。

また、本人が努力したときは必ず褒める。レポートの書き直しを命じて、再提出してきた社員に努力のあとが見えたときは、「よく頑張りましたね」と手放しで褒める。

褒められて悪い気がする人はいない。特にうちの社員のように、人様に褒められることが少なかった子たちは、褒められると心を開いてくれるようになる。いったん心を開いてくれるようになれば、いろいろなことを話せるようになってくる。

もちろん、仕事上で注意しなければいけない場合もある。そんなときは、まず褒めてから注意するようにしている。「あなたのこういうところはほんとうに良くなったね。すごいね」と褒めてから「しかし、これはどう思いますか？　これはちょっとまずいんじゃないの？」とか「どうして、ここはできなかったのかな？」というように投げかける。これはまあ、年の功。今までの経験で、頭ごなしに注意するよりも、先に褒めてから注意したほうが素直に聞いてくれるということがわかっているからだ。

私も最初の頃は経験不足で「どうしてこれができないの！」とはっきり指摘していたこともあった。しかし、それでは人は育たない。年を重ねれば、言い方もやわらかくなるし、伝え方がうまくなってくる。私の場合は全日本青少年育成アドバイザーの認定を受け、その活動の中で多数の青少年たちを見てきたことが大きい。反抗したり、反発する子たちとの接し方を学んできたからだ。

一度辞めた社員が戻って来たら「待ってたよ」のひと言を

私の言うことが気に入らない、あるいは他の社員とうまくやっていけない――。理由はいろいろあるが、辞めていった人も大勢いる。ただ、辞めたところで、うちほど人を大切に育てようとする会社は多くはないらしい。一度辞めて、戻って来た社員もいた。「また入れてください」と再入社を希望してくるのだ。

最初の頃、それを許していたら、今度は社員が些細《ささい》なことで簡単に辞めるようになってしまった。それで「一度辞めた人間は、絶対に採用しない」と決めた時期がある。何度も出入りを許していると、なめられると思ったのである。

ところがある人が「峠さん、心を広く持ってください」とアドバイスしてくれた。それでまた考えを改めて、「もう一回、働きたいんですけど」と来た人に、「待ってたよ」と声をかけた。

後日、その子が「『もう一回、入れてください』と言ったときに社長が『待ってたよ』と言ってくれたこと、一生忘れません」と言ってくれた。本人は怒られて「あなたなんかもういらない！」と言われると思って来たらしい。それを聞いて私も、「もっと早くからそうしておけばよかった」と反省した。「待ってたよ」という言葉がこれほど重いものだったのだと気づいた。これに気づけてよかったと思う。

とにかく勉強、勉強。レポートを書かせて採点する

うちの社員たちの欠点として強く感じたのが、他人に自分の意志を伝えるのが下手であることだ。うまく伝えられないので、自分でイライラしたり、途中で「もういいわ」とあきらめてしまったり。これは語彙《ごい》が少なかったり、的確な表現が見つからないからだと思う。

また、業務上必要な資料に目を通すときも、的確かつ十分に理解してもらうことが必要だ。表現力と読解力、つまり国語の力が不足していると思ったので、社員には私が選んだ本を読んで、その感想をレポートにして提出しなさいと指示している。

そうしたらある社員が「レポートって何ですか、それ」と言う。「あなたは高校を卒業したんでしょ?」と言ったら、「そんなの、書いたことない」と言う。

みんなほんとうに書くことが嫌いだ。嫌いというレベルではなく、大嫌い。

後述するが、毎朝行う「活力朝礼」で使用する『職場の教養』という小冊子があ

る。それを読んで、感動したところを自分の当番の日に書いてきて発表してください と言うと、感動したところを二行くらい丸写しにして提出してきた。それではしょう がないと思って「自分がなぜそこに感動したのか、その理由を自分の言葉で書きなさ い」と突き返した。そうすると、書く人は六百字も千字も書いてくるのに、書かない 人は「よかった」のひと言で終わり。せめて最低でも三百字は書いて提出してくださ いと指示した。

書くことで、社員の意識が変わることを期待していたのだが、それとは別にちょっ と嬉しいこともあった。

私はボランティアなどさまざまな活動をしていることもあって、彼らが書いてくれ たレポートを見るのは夜中の十二時過ぎになるのが常。その時間になるともう疲れき っているので字が見えにくい。特に手書きの文字は読みにくくて大変だ。それで「み んなが一生懸命に書いてくれたのを、私、夜中の十二時くらいに読むことになるか ら、紙を持って斜めにしても、どうしても読めないのよ。頼むからきれいな字で書い てください」とお願いした。そうしたらみごとにきれいな字のレポートが提出される ようになった。ほんとうに驚くほどきれいな字で書かれるようになった。みんなが協力してくれたのか、もともときれいな字が書ける人たちだったのか。

書きたくない子が書いたものは、書きなぐっているので、読めたものではない。それで、私が「きれいな字で」とお願いしたのだが、もともと書くのがイヤな子は、内容もない。

なかには「社長、オレ、余分に車一台分、収集にまわるから、書くのだけは勘弁してください」とか、「オレは会社を辞めようか、レポートを書こうか悩んでます」とまで言うのだ。

それに、いくらきれいな字で書かれていても、内容がないことには意味がない。『雨』というテーマで書いてきた子がいたのだが、「今日は雨が降りました」と、最後のほうに「雪で転んでケガをしました」と書いてあった。「これはダメ、書き直し」と突き返した。「どうしてですか?」と言うから、「いい加減なことをしたら、また書き直しになるよ。覚悟して提出しなさいよ」と再提出を求めた。

書くことが嫌いな社員にとっては再提出がいちばんつらい。でも、二度目には立派なものが出てきた。「よく書いてきたね。頑張ったね。どれだけ時間をかけたの?すごいね」と褒めると、「一週間、毎日家に帰ってからそのことばかり考えて、一生懸命書きました。子どもにも嫁さんにも協力してもらいました。社長、見てください」ともう私に摑みかかるくらいのけんか腰で持ってきた。

そういう事情もわかっているから、きちんと書いてきたら、私は褒めちぎる。「よく書いたね」「できるじゃないの」「あなたはもともと才能があるのよ」「本気になればこんなものよ」「これ、額縁に飾っておこうかしら」と言うと、本人も喜んで、ニカーッと笑顔になる。

レポートは読んだら点数をつけて本人に返す。そのほうが書くはりあいが出てくると思うからだ。こうやって少しずつ読解力と書く力、書いて自分の思いを人に伝える力をつけさせるようにしてきた。その成果が見えるには十年ぐらいかかったけれど。

動かない子が動く理由

新しいことを始めようとしたとき、たいてい社員たちは抵抗する。「そんなことできない」「めんどう」「やってられない」。なかなか動こうとはしない。しかし、執拗《しつよう》に私は言い続ける。すると根負けして、一人、二人と言う通りにやってくれる子が出てくる。しばらくすると、文句を言って動こうとしなかった子が、率先してやるようになるのだ。最初は不思議に思った。

よく観察していると、動こうとしない子は周囲の子をバカにしたり、少し下に見ていたりする。「あいつ、オレよりも仕事はできないな。オレのほうができるな」と。ところが、自分より下だと思っていた社員が、私の言うことを実行しているうちに、少しずつ変化が見えてくる。その社員の成長が見えたり、周囲に褒められるようになったり。すると、動かない子は立場が逆転されたような気がして悔しい。「どうしてあいつができるようになったんだ。そういえば社長がこんなことを言っていたな」と気づくのだ。

こうなればしめたもの。動かなかった子も取り組み始めるのである。そう考えると、集団の力というのはすごいなあと思う。

集団、組織の力はおもしろいなと思うのだが、人は他人の姿を見ていないようでよく見ている。人が良いほうに変わっていくのを見れば、やはり真似したくなる。

一方で、文句ばかりであいさつすらできなかった時代は、みんながそうだったので、あいさつしなくても違和感もなかったのだ。オセロゲームのように、黒（悪いほう）に変わっていくこともあれば、白（良いほう）に変わっていくこともある。それをうまく導くのがトップの役割ではないだろうか。

名晃のユニークな評価制度

元気のいい心のこもったあいさつや、客先での対応へのお客様からのお褒めの言葉、これらに対しても点数をつけて、社員の評価対象にしている。また、そのモチベーションを高めるために、ご褒美作戦も実行している。

この作戦は、合計点数の高い社員から順番に、会社に届いたお中元やお歳暮の中から好きな品を選んで持ち帰ることができるというもの。「どうしてその品を選んだの？」と聞くと「子どもが喜ぶからです！」というように笑顔の返事をくれる。家族との関係が良好であることが垣間見えて、とても微笑ましい。

社員の家庭や職場で置かれている環境を把握し、難しい課題を課しても、それを達成するために最大限の努力をさせることが、仕事でも人としても成長につながると信じている。社員一人ひとりの成長には差があるものの、本人たちが頑張っている姿に「頑張って！」と心からの声をかけると、彼らは期待に応えてくれる。

Column

現場社員の声（一）

Yさん　運輸一課　課長　四十歳（入社七年目）

〝自分勝手〟から〝利他の精神〟へ

輪之内リサイクルセンターで三カ月ほど分別のしかたを教えていただいてから、産業廃棄物の収集を担当する運輸一課に異動になり、現在は課長を務めております。

前職は食肉事業所で肉を捌《さば》く職人でした。実力の世界なので仕事にやりがいを感じていましたが、三十代になって、これから先十年、二十年と仕事をしていく中で、職人として勝ち上がっていったとしても、それが自分の中で果たして幸せなのかという疑問を感じていました。それで転職したのが名晃でした。

面接で峠社長に「うちは勉強、勉強の会社ですよ。勉強して、自分の人生の幸せは自分自身で掴みなさい」と言われたことがとても印象に残って、それが名晃に入る決め手になったと思います。

ただ、入社当初は峠社長から面と向かって「あなたは利己心の塊《かたまり》、自分勝手なところがありますね。自分のことしか考えていないから、そんな態度が取れるんじゃないの？」とはっきり言われました。それまで職人として生きてきましたので、他人のことまで考える余裕はなかったし、正直、会社や社長に対しても固定観念があったのです。

「社長なんて社員を見ているようで見ていない。必要がなくなれば容赦なく切り捨てる」。そんなふうに思っていたんですね。でも、峠社長は違いました。「人間力をつけなさい。そのために勉強しなさい」と『致知』という雑誌をすすめてくださいました。致知を読んで感動した個所を抜き出し、なぜ感動したのかと自分自身の感想を書き、それをみんなの前で発表するのです。

職人気質といえばそれまでですが、せっかく名晃という新しい場所に来たのに、そのままで終わりたくないという気持ちがあったのです。自分を変えられるなら変わりたい――。この『致知』の発表を続けていくうちに、〝利他の精神〟というものを知るようになりました。自分のためだけではなく、仲間のために動けるようになれるのなら、自分もそうなってみたい。峠社長に出会わなければ、一生、そんな気持ちを持つことはなかったかもしれません。

トップダウンからボトムアップへ

私が入社した当時の名晃はトップダウンの典型で、課長からの指示で社員が動くという仕事のやり方が中心でした。せっかく名晃の社員がいろいろ勉強を始めて、若い社員の意見や新しい意見が出てきても、それがまったく反映されない。それではいけないと、私が課長を拝命してからは、みんなの意見から上に働きかけるボトムアップを意識するようになりました。その典型例が輪之内リサイクルセンターの手伝いです。自分たちの収集が早く終わっても、それを仕分けているリサイクルセンターは動いています。みんな同じ会社の仲間なのだから、少しでも早く終わるように、手伝いに行こうということになりました。

ところが、これが社長の耳に入り、叱られることに。「収集で疲れているのに、よその部署の手伝いにまで行く必要はありません」と言われてしまったのです。これは社長の「運輸一課の人間に無理をさせたくない」という思いやりです。それは理解していました。そこで運輸一課のみんなで話し合って、多能工化（マルチスキル化）に積極的に取り組んでいることもあり、「同じ会社の社員なのだから、収集車に積み込む段階から分別に協力しよう。分別をていねいにすればするほど、売上は上がるし、リサイクルセンターの社員も早く帰れるようになるから。自分たちの分別の知識も深くなる」という結論に達したのです。これこそボトムアップで決めたことです。そこには名晃という会社に対する感謝や仲間に対する連帯感のような気持ちもありました。

利己心の塊だったような私が、今は運輸一課をまとめる立場になり、他部署から感謝されるようになっている。利己心から利他心への変心が、私を大きく成長させてくれたと思います。（談）

◎峠テル子より

運輸一課の社員が収集でクタクタになっているのに、輪之内リサイクルセンターの手伝いに行くなどと言い出したので「やめなさい」と言った。ところが、センター長が「社長、見てください。運輸一課の社員たち、みんなニコニコしながらやっているでしょう」と報告してくる。こうなると私としては動きが取れない。運輸一課は課長のもと、部署会議を開いて勉強していて「センターに手伝いに来てほしい」と言われる前に行くようにしようと決めている。やはり言われてから行くのはイヤだというのが本音らしい。輪之内リサイクルセンターでもっと早く、たくさんの廃棄物を仕分けするためには、われわれは何をすればいいか。トラックの積み方はどうか、センターに行くためには業務をどう効率化すればいいかと話し合っている。ほんとうにボトムアップである。

最初は利己主義の塊のようだったYさんが、ここまで変わって運輸一課をまとめてくれている。自分自身の身を削って、部署員のため、仲間のために頑張っている。その姿を見て、これがまた次の部署員を育ててくれているのだなあと思って黙って見守っている。

第四章

人間力の向上

——自走し始めた社員たち

夫、亡きあとの経営

夫・清文は二〇〇八（平成二十）年に七十六歳でこの世を去った。亡くなる直前まで会社の指揮を執り、生涯現役のまま逝《い》った。夫が人生を賭けて残した産業廃棄物の会社と、そこで働く社員たち。これを、私は何が何でも守っていかなければならない。夫亡きあと、それが私の大きな使命となった。

改めて廃棄物に関わる会社の経営者として、法令遵守のもと、利益を上げ、社員たちに給料を払い、なおかつ地域に貢献する企業となる。口で言うのは簡単だが、これは難しい。そこには正解も裏技もないからだ。まわり道かもしれないが、社員をしっかり教育し、自分の頭で考えて行動できる人間に育てる。そうすることで、社員は世間からもお客様からも感謝され、一人ひとりが仕事に対するやりがいや幸福感を味わえるようになれば、仕事へのモチベーションも上がり、名晃という会社そのものも素晴らしい企業になるはずだ。そのために経営者として私が何をすべきなのか。新たな模索が始まった。

循環型社会への対応

当初は産業廃棄物収集・運搬から始まった名晃だが、時代の流れとともに業務内容も変化してきた。夫と私がトラック一台でゴミ収集を始めた時代は高度成長期であり、大量生産・大量消費・大量廃棄が許されていた。発生したゴミを収集することでビジネスとして成り立っていた時代である。そのため、さまざまな業者が生まれ、濫《らん》立《りつ》していた。

しかし、時は流れ、地球温暖化や環境問題が差し迫った課題として取り沙汰されてくると、そのたびに産業廃棄物業に対する法律は厳格化され、われわれは対応を迫られることになった。

特に大きなターニングポイントとなったのは、二〇〇〇（平成十二）年に公布された『循環型社会形成推進基本法』とその概念である。

この法律は、生産された製品などが廃棄物となることをなるべく抑えること、そのうえで、排出された廃棄物はなるべく資源として再利用すること、どうしても再利用できないものだけ適正に処分するといった内容である。そうすることによって資源の消費を抑制し、環境負荷をできる限り低減する社会をめざすという考え方である。

ゴミを集めればいいという時代は終わり、集めたゴミをどう処分するのか。これが産業廃棄物業界の命題になっており、今後の生き残りの鍵を握っている。

名晃では一九九四（平成六）年、輪之内リサイクルセンターを開設した。お客様から収集した廃棄物をここに集め、ていねいに仕分けをして、なるべく再資源化することに取り組むことにしたのである。そのため、現在の事業内容は廃棄物中間処理業としている。

ゴミの選別と仕分け作業

一般の家庭から出るゴミは、地域によって収集日が決まっていて、決められた日に決められた内容のゴミを出せば、ゴミ収集車が回収してくれるという仕組みになっている。これはその地域の自治体が行っているものである。

一方、われわれが扱う廃棄物は、契約しているお客様から出されたゴミのこと。特に産業廃棄物は企業の生産活動において発生してしまうゴミである。たとえば、自動車修理工場では、使えなくなった自動車部品などが出る。これらを収集車で集めて輪之内リサイクルセンターまで運び、そこでゴミを選別し、仕分け作業を行う。

ゴミは大きく四つに分類している。廃棄物を燃料に変える「サーマルリサイクル」、何度でも使えるようにする「マテリアルリサイクル」、そして「埋立」「焼却」。環境負荷を考えた場合、なるべく「焼却」や「埋立」を減らし、「マテリアルリサイクル」を増やすことが重要である。

ちなみに「サーマルリサイクル」は、プラスチックなどを焼却した際に発生する熱（サーマル）を利用する方法だが、欧米などでは焼却処分はＣＯ^{2}を発生するため、リサイクルとは認められないことが多いそうだ。そこで名晃でも、廃棄されたものを新たな製品の原材料として再利用する「マテリアルリサイクル」の量を増やせるように注力している。仕分けをした後は、信用できるそれぞれの専門処理業者に処分をお願いする。リサイクルできるものは買い取ってもらえるが、処理しなければいけないものは処分の費用を支払わなければならない。そのため、しっかり仕分けをして、なるべく売却できるものを増やし、処分するものを減らすことが売上を上げるために重要になる。

輪之内リサイクルセンターの社員たちは、リサイクルについて学んでおり、マテリアル品目の種類を増やそうと努力してくれている。リサイクル率を上げることは、当社のためだけではなく、ＳＤＧｓの目標達成にも貢献するという志も持って取り組んでくれている。

仕分けを経験してから収集の現場へ

どの企業でも欠かせない「営業部」や「総務部」は別にして、名晃の現場仕事となるのは「運輸一課」「運輸二課」「輪之内リサイクルセンター」の三部署である。

仕事内容を簡単に説明すると、「運輸一課」は産業廃棄物の収集・運搬を行う部門。パッカー車やフックロール車、ユニック車などさまざまな車両を使って、産業廃棄物を収集、輪之内リサイクルセンターに運ぶ。

「運輸二課」が担当するのは一般廃棄物。契約している集合住宅や企業様から出る一般廃棄物や粗大ゴミを収集し、行政の処分場へ運搬する。

「輪之内リサイクルセンター」では、運ばれてきた産業廃棄物を選別、仕分けを担当している。リサイクルできるものが増えれば、それを売却して売上を立てることができるため、センターでのていねいな仕分けはとても重要になる。ただ、時間には限りがあり、より効率的な仕分け作業を行うためには、収集・運搬の段階での協力が不可欠になる。そのため、私は新入社員はまず、この「輪之内リサイクルセンター」に配属し、ここで三カ月から半年、どのように作業が行われているかを学んでから、運輸部門に送り出すようにしている。

実のところ、営業部門が頑張ってお客様を探してきてくれれば、廃棄物回収に行く客先が増えるということだから、運輸部門の社員の仕事量が増える。ひとりの社員がまわれる客先には限りがある。営業が頑張ってお客様を増やす。しかし、お客様の数が増えれば増えるほど、運輸部門の社員は忙しくなり、増員を希望する。それなのに私はまず新入社員を「輪之内リサイクルセンター」に送るものだから、営業部門や運輸部門からは不満の声も漏れ聞こえてくる。

しかし、運輸一課の社員に聞くと「センターでどういうふうに選別・仕分けをしているかを経験し、よく知っているので、トラックに積む際に簡単な仕分けや順番などの工夫ができるので、先に勉強しておいてよかったです」と言ってくれる。

仕分けは後工程の仲間のために

運輸部門が収集の段階で工夫をすることで、リサイクルセンターでの作業が効率的になり、リサイクルできるものの選別が楽になる。これは非常に喜ばしいことだ。処理費用が減って売却益が増えるからだ。ただ、それも程度問題。廃棄物の収集というのは体を使う仕事で、客先を何件もまわり、重い廃棄物を積み込む作業である。基本的に屋外での仕事なので、暑い日も寒い日もあるし、収集車の運転もしなければならない。そこに積み込み時の「仕分け」作業も加わるとなれば、これはもう仕事量が多すぎる。

ところが、収集・運搬を終えた運輸部門の社員が、輪之内リサイクルセンターで仕分けを手伝っている。

確かにていねいに選別・仕分けをしてリサイクルにまわせる廃棄物が増えれば、その分、リサイクルセンターの売上は上がる。だからといって、運輸部門の社員に手伝わせるのはオーバーワーク。そう言うと運輸部門の社員は、「自分たちは自発的にやっているので大丈夫です」と言うのだ。だとしても、社長としてはそれを見過ごすことはできない。仕事量が増えて運転中に交通事故でも起こされたら、それこそ一大事である。

「後の工程を担当する社員のことを思って、協力してくれるのはとても有り難いこと。けれどもそれは自分の担当現場だけでかまいません。お客様のところの収集時に、できる範囲で仕分けをしておいてくれれば、それで十分です」と言って納得してもらった。

運輸部門の社員にしてみれば、入社して最初に配属され、仕事を教えてくれたリサイクルセンターの社員に恩返しをしたい気持ちもあったのだろう。その気持ちはとても尊いことだが、無理は禁物。ただ、社員間に他の社員の業務を想像し、連携しようという気持ちが芽生えてきたことは、実に喜ばしいことで、社員の成長を感じられるできごとでもあった。その後、運輸一課の社員たちは話し合い、自分たちの仕事の効率化を図ったうえで、リサイクルセンターの手伝いに行っている。私の期待以上に、彼らは自分たちで考え、工夫をしているのである。

「ＳＤＧｓ短歌」で地域社会とのつながりを意識する

ＳＤＧｓ（持続可能な開発目標）については、名晃では十年ほど前から取り組んできた。かなり早いほうだったように思う。最初に「ＳＤＧｓ」という言葉を持ち出したとき、社員たちは「何ですか？　また小難しい話を持ってきて」と困惑していた。今でこそ、どこの企業でもＳＤＧｓに取り組んでいますと言っているが、十年前は岐阜県庁に聞きに行っても、職員さんでさえよく理解していなかった。それも当然のことで、「国連持続可能な開発に関するサミット」がニューヨークで開催され、「２０３

0アジェンダ」でＳＤＧｓの十七の目標が示されたのは二〇一五（平成二十七）年九月のことだった。私はその直後から動いていたからだ。ＳＤＧｓの十七項目のほとんどは廃棄物処理業に絡んでいるため、「時代が廃棄物処理業者の背中を押してくれている！」と感じた私は、「ＳＤＧｓの精神で、誇りを持って仕事に取り組んでください。われわれは世の中の役に立つ仕事をさせてもらっているのですから」と社員に訴え続けている。

とはいえ、ＳＤＧｓは目標という概念であり、具体的な行動にまで落とし込まれているわけではない。多くの企業がＳＤＧｓを掲げながらも、どこまで真剣に取り組んでいるのか不透明なのも、ここに原因があるように思う。名晃の社員にしても、当初は理解できていなかったり、自分事として捉えられていないように私には感じられた。

そこで始めたのが「ＳＤＧｓ短歌」である。字余り字足らず、大いにけっこう。ＳＤＧｓの目標に対して、自分が感じたことを短歌にして詠むのだ。それによってＳＤＧｓが身近なものとなり、自分事として受け止めることができ、行動に結びつけられる。そこから家族、地域社会へとＳＤＧｓがめざす「循環型社会」をつくるための一助になればいいと考えたのである。

私は短歌に少々心得があるので、「あなたにできる廃棄物の再資源化・循環型社会とは何？」といった内容を社員一人ひとりと一時間ほど話しながら、社員に短歌を詠んでもらう。これを年二回行っていて、名晃の本社事務所の壁には、このＳＤＧｓ短歌が張り出されている。

フードロス　出さない努力が　ゴミ減らす　収集してみて　我が事として

廃棄物　分別仕分　町守る　捨てるゴミから　新たな資源

このようなＳＤＧｓ短歌を詠む必要があるので、社員たちはイヤでもＳＤＧｓを意識しなければならない。この取り組みを始めてから六年になるが、社員たちは自分が最初の頃に詠んだ短歌と最新の短歌を比較して、ＳＤＧｓの理念を理解し、自分たちが成長していることを実感しているようだ。

ちなみに最近は学校の家庭科でもＳＤＧｓを学ぶそうである。子どもたちと講演などで話をする機会があると、ＳＤＧｓを話題にしてコミュニケーションが取れるのも、私としては嬉しい時代の変化だ。

いずれにしても、産業廃棄物の仕事に携わっている限りは「ＳＤＧｓ」と「循環型社会」というキーワードは切り離すことができない大きな課題である。そのための取り組みは積極的に行っている。

名晃では環境整備方針として「我々は、社会と企業を育てる為に環境整備をやり続ける」を掲げ、四大方針を、時間短縮、コスト削減、社会に貢献、利他の気持ちで無上位をめざす、と定めている。

一人ひとりの人間力向上「あじさい活動」

名晃のように社員が四十名弱の小さな会社では、社員一人ひとりの「人間力」がとても重要である。私が「勉強、勉強」とうるさく言ってきたのも、社員がよく学び、成長し、自分の持てる力を最大限に発揮してほしいという願いからである。いつまでもトップダウンの企業では時代の波に取り残される。「名晃社員一人ひとりのやる気が会社の利益を生む」と考え、そのための仕掛けのひとつとして「あじさい活動」を展開している。小さな花が集まって、大きくさまざまな色に変化するあじさいになるように、一人ひとりがＳＤＧｓに関連して気づいたこと、行動したことを書いて、あじさいの花のように貼って共有する「ＳＤＧｓボード」を掲げているのだ。

このボードには、ＳＤＧｓの目標別に十七種類の用紙がポケットに入れてある。その用紙に部署や氏名と具体的な行動や気づきを書いて、あじさいの花を作るようにペタペタ貼っていくのである。

小さな取り組みかもしれないが、日常的にＳＤＧｓを意識したり、書いて貼り付けるという行動は、続けることによって習慣になる。今では、すべての社員が「ＳＤＧｓ」の十七の目標について語れるのではないかと思う。これくらい徹底しなければ、ほんとうの意味で「ＳＤＧｓ」に取り組んでいるとは言えないのではないだろうか。

数字や改善の見える化が現場のモチベーションを高める

私は社員たちに「あいさつ、あいさつ」と言ったり、「勉強、勉強」と要求することが多いのだが、それは単純に精神論だけで言っているわけではない。

社員たちは、基本的に新しいことを始めようとすると、消極的。「こういうことをしましょう」と言うと、「そんなめんどくさいこと」とか、「いやだ」と反抗してきた。そういう社員たちとずっと闘ってきたので、いろいろな方法を考える必要があった。

たとえば、彼らがいちばん嫌うこと。それは給料が下がることである。新しい方針を打ち出したときに、抵抗されるのは常だが、その際の伝家の宝刀は「こうして会社が売上を上げて生き残っていかないと、給料が減ることになりますよ」。このひと言である。

しかし、ただ給料が下がると脅《おど》すような発言はフェアではない。そこで、何かを始めるときは、必ず、彼らに納得してもらえるような理由を考える。そして、それを「数値化」や「見える化」することで、より説得力をもたせる。よくいう「VM活動」である。

VMとは「ビジュアル・マネジメント（Visual Management）」の略で、「経営の見える化」といわれている。名晃では全社をあげてVM活動を行っているので、壁にはいろいろな紙が貼ってある。

管理部門である本社はもちろんのこと、輪之内リサイクルセンターには、当社の基本方針のほか、搬入された廃棄物の量を「焼却」「埋立」「サーマルリサイクル」「有価物（マテリアルリサイクルなど）」別に記録して、前年に比べてその割合がどう変わっているか、ひと目で確認できるようにグラフを張り出している。

本社でも、個人の業務スキルの向上がわかるように、各個人のスキルを一覧化したものを張り出して、スキルの向上に努めている。ここでは「個人別」というのがポイントである。部署全体の数字となると、社員一人ひとりの成績が見えにくくなってしまう。あくまで個人の成長や努力を見える化することが重要なのである。

改善提案と「ＰＤＣＡサイクル」

「見える化」を推進するのは、社員全員で、無理、無駄、ムラや問題点を顕在化させて共有するためだ。当初は「整理」「整頓」「清掃」「清潔」「しつけ」の頭文字の「Ｓ」を取った「５Ｓ」に対して、社員全員で取り組むようにしていた。

次に取り組んだのは「改善提案」。毎月行う定例会議で、各部署から「改善提案」を出してもらうようにしている。「５Ｓ」を意識しながら、より効率的に確実に仕事を行うためには、現状をどのように改善していけばいいか。どんな小さなことでもいいので、必ず提案してもらうようにしている。

この「改善提案」によって、問題を共有できるようになれば、「ＰＤＣＡサイクル」に取り組む。いわゆるプラン（Plan＝計画）、ドゥ（Do＝実行）、チェック（Check＝評価）、アクション（Action＝改善）のサイクルを何度もくり返すことである。現状のやり方を変えて新しい方法で実行してみる。それで問題が解決したかどうかを評価し、解決できなかったとすれば、何がダメだったのかを考えて、新たな改善方法を考える。これをくり返していく。

継続して「改善提案」を出し続けることは、社員たちにとって大変だということは承知しているが、どんな企業でも「これで完璧！」ということはあり得ない。そう思った瞬間、その企業の成長は止まってしまう。そのことを社員たちに理解してもらうためにも、このやり方を変えるつもりはない。

完全週休二日制が実施できた理由

運輸部門の社員たちの労働環境は厳しい。基本的に屋外の仕事になるからだ。夏は暑く冬は寒い。そのうえ自分が収集車でまわる担当ルートがあるので、なかなか思うように休みが取れない。

遅まきながら完全週休二日制を実施する決断をしたが、私は社員たちに「完全週休二日制にしても給料は減額しません。そのかわり増員もしません。それでできるかどうかはみんなにかかっているし、文句が出るようなら取りやめます」と宣言し、準備期間を設けた。

自分たちの休暇に関わる事案である。彼らは自分たちの部署で会議に会議を重ね、まず、担当ルートの属人化を見直し始めた。誰か一人が休みを取っても、他の社員がその分をカバーできるように、課長を中心にお客様の情報のデータ化や、ルートの見直しなどに取り組んだのだ。

それでも自分の担当ルート分にプラスして、他人のお客様の回収に行くのは簡単なことではない。なかなか難儀をしている様子を見かねて、「人を増やしましょうか？」と私はつい口出しをしてしまった。すると社員たちは「いりません」と怒ったように断ってきたのだ。

社員が増えれば自分たちの負担が増えることはない。しかし、会議に会議を重ねて、なんとか自分たちだけでまわれるメドがつき始めたところに、私からの横やりである。彼らは自分たちの努力が踏みにじられるような気がしたに違いない。

これは私の憶測に過ぎないが、私が常々言うところの「コスト意識」もあったと思う。人をひとり増やせば人件費がかかる。それなら従来の自分たちの人数で頑張ったほうが人件費は増えないし、自分たちの給料も上がりやすくなる。こうして完全週休二日制は無事に実施することができた。

運輸部門の頑張りに刺激を受けたのか、他部署でも多能工化の機運が生まれてきた。ひとりの社員が複数の業務をこなせるスキルを身につけることで、業務の効率化や他部署への理解が進む。完全週休二日制への移行は、運輸部門の社員たちだけでなく、会社全体にも良い影響を与えてくれた。

定例会の議長役

名晃の社員たちは、自分から率先して何かを始めるということに慣れていなかった子がほとんどである。人が何か言えば、その人の後について行くようなタイプ。それではいけないと思っていたので、「人の前に立つトレーニングをさせよう」と毎月開催する定例会議の議長役を任せることにした。

定例会議の司会進行を担当してもらうのだが、その前に一冊、司会進行の本を買ってきて、それで重要なところを赤ペンで線を引いて、そうしたら、その本を私が買い取るからと言い渡した。

すると社員は一冊を真剣に読んでくる。それで会議にのぞむわけだが、その本の中に書いていないことは、ダメダメとすべて却下するようになってしまったのだ。これではいけないと思い、「著者の異なる書籍を二冊読んできてください」に変更した。そうしないと、本に書かれていることしかできないようになってしまうからだ。

議長は立候補制にしているので、とにかく勉強した人が手をあげて議長を務めている。書記も自分たちで順番にまわしている。

こんなふうにして今、鍛えている最中だが、先日、とても嬉しいことがあった。入社して一年くらいの男性社員が立候補してきたのだ。入社後六カ月経てば立候補はできるように決めているが、この社員のときはかなり不安があった。

それというのも、その人は入社してからろくにあいさつもできず、私が「おはようございます」と言っても、蚊の鳴くような声で「おはようございます」とボソッと言うだけ。「大きな声で言わないと聞こえないですよ」と注意するのだが、なかなか変わらない。その子が議長になったものだから「大丈夫かな。おかしな見本にならなければいいけれど」と心配していたのだ。

定例会議当日。その社員は「みなさーん、ご苦労様でーす」と大声で会議を始めた。これには驚いた。前に議長をした先輩を真似て、しっかり議長を務めてくれたのである。私は「ここまで成長してくれたのか！」と嬉しくて嬉しくてしかたがない。一年間見ていて「この子はなかなか変わらないなあ」と感じていたので、「やらせてみるものだな。やればできるんだな」と改めて感動した。

会議が終わった後に「すごかったよ。相当勉強したでしょう？」と握手して褒めたら、ほっぺが落ちそうな笑顔で「はい！」と答え、少し目に涙が浮かんでいた。そうやって人が少しずつ成長していくのを見ていると、ほんとうに感動する。

議長役に自発的に手をあげるというのは、ある程度自信がついてきた証拠であろう。だから定例会議はみんな真剣そのもの。「次、オレがやるときはあいつよりもっと良くなる」と心の中で密かに思っているからだ。いい意味での競争心が芽生えてきたのである。おかげで会議の質はどんどん上がっている。

社内発表大会は人前に出るトレーニングに

名晃では年に一度、社内発表大会を開催している。最初、よその企業でこれを見たとき、「うちではできないでしょうね、こんな大変なこと」と私がうっかりと漏らしてしまった。それを聞いた社員が「社長、やります。できますよ」と言ってきたのだ。「ほんとうにできますか？」と聞いたら「できます。やりましょう」と答えたので、創立四十周年を機に、取り組み始めた。

名晃のような廃棄物の仕事では、お客様のところに行ってプレゼンテーションをするような機会はほとんどない。そのため定例会議の司会進行などを任せたりしているが、やはり、人前に出て何かを話す、伝えるということはとても大切だと考えている。社内発表大会はそのトレーニングの一貫になると考えたのである。部署対抗として、発表者は自主的に手をあげて交替制でＩＳＯの目標や目的を具体的な取り組みへと落とし込んで、一年の振り返りと次の年度の目標を発表する場と定めている。毎年、十一月に開催している。

発表内容は部署員で立案・構成する。そのため、業務内容の見直しや改善、その見える化などが非常に業務の役に立つことになる。

最初の一年目、現場の社員はほとんどパソコンが使えないので、資料作りを事務職の社員に全部、丸投げしていた。「こういうふうなデータを見せたいから、こういうグラフを作ってよ」というように。それで事務担当の社員たちが疲弊してしまった。私は「準備のために残業してはいけません」と宣言したので、自主的に家に持ち帰って作業をすることになってしまったのだ。

二年目も同じことが続いたので、三年目には「スライドや動画が必要なら、それは自分たちで作ってください。事務所は事務所で忙しいのだから、もう協力しませんよ」と言い渡した。すると社員はどうしたか。パソコン教室に通い始めたのである。発表会用の動画作りを学びながら、ＷｏｒｄやＥｘｃｅｌの勉強も始めたらしい。そうやって学べば、自分のスキルとして身につくだけでなく、まわりにも「オレ、パソコンができる！」と自慢ができる。それがまた嬉しい。その社員は今もパソコン教室に通っている。他の社員も、オレもオレもとパソコン教室に通い出した。そうやって今は、社員が嬉々として自分で成長していこうとしている。それを見ているのが何よりも嬉しい。

環境アドバイザー資格を設定し、お客様へアドバイス

大和清掃を起ち上げて間もない頃、私もゴミ収集の現場に手伝いに行ったことがある。産業廃棄物には当時からいろいろな種類があって、お客様ごと、扱うものによって収集の難易度や苦労が異なる。たとえばインテリアを扱うお客様。不要になったカーテンのロールがゴミ置き場に投げ入れられていた。何本もただ投げ入れていると、カーテンが無秩序に絡まって、引っ張っても足で踏んでも取れなくなってしまう。力があるとかないとかという問題ではなく、とにかく取れないので収集にとても時間がかかる。

こういった場合は、お客様に廃棄場への置き方に注意していただくのがいちばんの改善策だが、お客様に「こうしてください」とお願いするのはなかなか言い出しにく

いものだ。

そこで、名晃では社内で「環境アドバイザー」という資格を設定することにした。廃棄物に対する幅広い知識や技術について学んだ社員を、環境アドバイザーとして認定するのである。

先の例では「このカーテンは廃棄するときに、こうやって向きを揃えて入れれば、今の量の三倍はこの廃棄場に入りますよ」とお伝えすると、お客様も快く協力してくれる。お客様も廃棄物の量が減ったように感じるし、うちも収集がしやすくなる。

正直に「うちの収集がしにくいので」と言ってしまうとお客様も不愉快だろうが、環境アドバイザーという資格を取ったうえで、理路整然と理由をご説明すれば、たいていのお客様は協力してくれる。これは遠回りかもしれないが、収集がやりやすくなるというメリットがあり、今もこういった提案を続けている。

現場で特に注意しなければならないのは、可燃物だ。トラックの荷台から火が出て、道路が通行止めになるニュースをときどき見かける。廃棄物のなかにはすぐに発火するようなものだけではなく、時間が経過してから発火するものもあり、特に取り扱いに注意が必要だ。お客様に発火物の知識がなく、分別されていなかった場合など、名晃の社員がそれをきちんと指摘し、注意していただく。これは安全面でもとても重要だ。名晃の現場の社員は環境アドバイザーの資格を取得する際に、このような知識もしっかり身につけているので、お客様も耳を傾けてくださる。逆に、お客様からアドバイスを求められたりすることもあるようで、環境アドバイザーの知識と肩書きが、お客様への啓蒙活動にも一役買っている。

廃棄物の専門家として、お客様に信頼していただけること。それがまた、社員の仕事へのモチベーションを高めることにもつながっているようだ。

営業と収集担当の連携

産業廃棄物の運輸担当と輪之内リサイクルセンターの連携については先にお話しした通りだが、運輸と営業の連携も欠かせないものになっている。

廃棄物回収の業界は企業が濫立し、競争も激しいのが実情である。たとえば、名晃が三十万円で収集を受けていたお客様に、別の会社が「うちなら二十五万円でやります！」と営業をかけてくる。お客様としては廃棄物処分の経費はなるべく抑えたいところだから、それで他社に変えてしまわれることもある。それはさながらオセロゲームのようだ。名晃は価格競争ではなく、法令遵守や環境アドバイスを含め、他社にはない付加価値と特徴を出している。有り難いことにそれを評価・信用してご依頼をくださるお客様が多い。

コロナ禍《か》で世の中の経済活動が止まった際、一時的に廃棄物の量は減った。しかし、こちらとしては廃棄物の量が減ったからといって、自ら値下げを申し出るようなことはしない。そこをついて他社が営業をかけてくることはあったようだが、名晃に信用を置いてくださっているお客様は「うちは名晃さんに頼んでいるので、けっこうです。変えるつもりもありません」と断ってくださったようである。これはもう廃棄物の会社として、何ものにも代えがたいお褒めの言葉だと感謝している。

とはいえ、私たちもそのような他社の動きを黙って見ているわけではない。お客様のところに回収に行く運輸部門の社員たちが、お客様との会話や収集先の周囲を観察し、営業部門に情報を伝えてくる。それで契約に至り、一定の条件を満たせば、運輸部門の社員に報奨金を出すようにしている。

たとえば、チェーン展開されている企業様の支店ができる。また、収集先の隣の敷地に、新しいお店ができるようだ、といった情報を営業担当者に伝え、その情報を足がかりに、営業担当者がいち早く動いて契約する、というわけだ。運輸担当の社員たちは日常的にお客様と顔を合わせているし、担当エリアの変化にもすぐに気づく。

名晃のように大きくない会社では、この連携はとても大切だ。営業の人数も限られている中で、やみくもに営業するのではなく、確かな情報をもとにスピーディーに動ける。「この前の情報で新しいお客様の契約が取れたよ。ありがとう」と言われると、運輸部門の社員たちは鼻が高くなる。「自分たちはただゴミを回収して運んでいるだけではない。会社に利益をもたらす情報も伝えて、売上に貢献しているんです」。ある社員は胸を張ってこう話してくれたことがある。

「働きがい・生きがいのある会社創りは皆の手で」は名晃の経営方針でもある。社員にこれが少しずつ浸透してきたのだと感じる機会が増えた。

第五章

向上心のある社風に

——自ら学び、考え、行動できる組織へ

倫理法人会、「活力朝礼」との出合い

二〇一〇（平成二十二）年に、倫理法人会に入会した。倫理法人会というのは「企業に倫理を、職場に心を、家庭に愛を」をスローガンに掲げ、会員企業が純粋倫理※に根差した倫理経営を学び、実践し、その輪を拡げる活動を行っている組織だ。

ここではさまざまな取り組みを行っているが、その一つに「活力朝礼」がある。『職場の教養』という一日一話の読み切り形式の小冊子を使って、朝礼を単なる報告・連絡の場で終わらせるのではなく、教育の場として活かせるようにした朝礼のことである。

社員の資質の向上と活力のために、全員で経営理念や経営目標などを唱和し、大きな声であいさつや返事の練習をしたり、美しい姿勢で礼をしたり、全員で社内の情報を共有したり……。もちろん、私もできるだけ、参加するよう努めている。

「おはようございます」「いらっしゃいませ」「ありがとうございました」を三回復唱

本社での朝礼の様子。大きな声で心得を唱和する

するのだが、これを毎日やっていると、もう無意識のうちにこれらの言葉が出てくるようになる。アスリートがトレーニングをしているのと同じ感覚かもしれない。「活力朝礼」を最初に見たときは、「え、何これ？」と驚いたのだが、活力朝礼のコンクールにも出場した。その後愛知県の朝礼委員長になり、さらに大垣倫理法人会の会長も拝命した。

※純粋倫理……物に「物理」という法則があるように、人に「倫理」という法則がある。「こんなときどう行動すればいいのだろう？」や、人生の岐路に立つとき、その問いに答える道しるべとして、人のあるべき道を示すもの。

合言葉は「もっと、もっと」

名晃の社内で合言葉になっているのが「もっと、もっと」である。業務をいかに効率的に安全に進められるようにするか。これはわれわれの業界ではとても大切なことだ。そのために私は「改善提案」を出してもらっているわけだが、あるとき、ひとつの部署から提案が出てこないときがあった。理由を聞くと「もう出し尽くしたのでありません」と言うのだ。これではいけないと思い「そんなことを言っていないで、必ず出しなさい！」と思わず言ってしまった。確かにその部署はよくやっていて、提案も積極的に出してくる。それをもとに業務改善に取り組んで、良い方向に進んでいることはよくわかっていた。

しかし、どんな仕事でも「これでもう大丈夫」ということはない。毎日の業務の中で、どんな小さなことでもいい。ちょっとした気づきが大きな改善につながることもあり得る。「あなたたちがよくやっているのは私も知っています。でも『もうここまで』と満足したらそこで終わり。成長は止まります。たとえば、ちり取りの置き場所を変えるだけでも、業務の効率化につながるかもしれない。それまでちり取りを取りに行くまで一分かかっていたのが十秒で取れる位置に変えたら、それで五十秒時間が短縮できる。ちり取りを一日に五回使ったとしたら、それで四分十秒も短縮できるのですよ」と言って納得させた。

「もうこれ以上は無理」とあきらめてしまわず、「もっと、もっと」で上をめざす。それが社員の仕事への意識を高く保つために、とても重要だと考えている。

「もっと、もっと」が浸透したきっかけ

話が前後したが、「活力朝礼」のコンクールへの参加は、いい転機になった。なぜかと言えば、二位に終わったからだ。

私は「出るからには一位を取りましょう！」と社員を鼓舞《こぶ》したのだが、最初、社員はあまり関心がなさそうだった。そのための練習も必要になることから、例によって「イヤだ」「めんどくさい」と文句が出る。

「それなら出たくない人は、応援団になってください」と思わず言った。それでも「イヤだ。そんなことをするんなら、辞める」とまで言い出す子もいた。「でも、応援団だったら、自分がやるわけではないし、好き勝手なことを言っていればいいじゃないの？」と諭《さと》すと、「それもそうだ」ということで納得してくれた。

社員の中から協力してくれそうな子に声をかけて、それで十名でエントリーすることになった。

メンバーが決まったら、ここからがトップの役割。私は倫理法人会の朝礼委員会で学んだ通りの活力朝礼のやり方をみんなに徹底して指導する。審査基準は八つあって、笑顔、声の大きさ、決まり通りにお辞儀が三十度になっているか、会釈とあいさつの違い、歩き方、動作などである。その一つひとつを正確に、審査員の前で実際に行い、採点される。それが活力朝礼のコンクールである。

練習を始めると、「絶対に参加したくない」と言っていた応援団の子たちも、見学に来るようになった。彼らは主に、客先でゴミを回収し、市の処理センターまで運ぶ運輸二課の子たちだったのだが、彼らは夜中の二時頃からゴミの収集を始めるので「活力朝礼の練習なんかにつきあっていられるか」と考えていたのだろう。ところがいざ、フタを開けてみると、彼らのほうが熱を帯びてきた。「礼は三十度って、もっと深い」とか「笑顔が足りない」とか、自分たちはやらなくてもいい立場なものだから、むしろ気軽に注意できて楽しかったのかもしれない。出場メンバーにいろいろとダメ出しをするのだ。

だんだんそれがエスカレートしてきて、大会の一週間ほど前になると「絶対に優勝しないと承知しないぞ！」と言って、差し入れまで持ってくるようになった。

コンクール当日、彼ら応援団はドラムを持ってきてドンドン叩いたり、横断幕を掲げたりして、さながら甲子園の高校野球の応援団のようだった。

これで「優勝！」となれば美談で終わるのだが、世の中はそう甘くはない。私自身も「絶対に優勝できる！」と思っていたのだが、結果は二位。すると、社員の落ち込みようが思いのほか激しかった。終わった後の慰労会で、みんなうなだれている。それだけ一生懸命に取り組んでくれたということだろう。ところが、このときに私はふと「これでよかった」と言ってしまったのだ。言葉がつい、出てしまった。そうしたら社員の一人が「社長、今、何て言いました？　これでよかったってどういうことですか？」と立ち上がってものすごい剣幕で抗議してきた。

後日、次の会議のときに私は社員に謝罪した。「あのときはごめんなさい。みんながあれほど一生懸命取り組んでくれたのに、これでよかったという発言は申し訳なかった。けれど、みんなのあの練習量は並大抵のものではなかったし、やってやってやり抜いた。だからみんなが自分たちが優勝だと思っていたのはわかるし、私もそう思っていました。でも、もっと上がいたのです。われわれの名晃という会社も、みんなはこれでいいと思っているかもしれないけれど、もっともっと上があるんです。もっともっと頑張らないといけない。いつも言っている、『もっと、もっと』ですよ」という話をした。

彼らは根は素直でいい子たちだし、負けず嫌いでもある。単純に一生懸命やったら、必ずそれだけの成果が上がると思っているのだ。しかし、仕事はそれほど単純ではない。自分たちがいちばん努力して優勝だと思っていたけれど、それよりもっと努力して優勝した会社があった。その事実を受け止めて「自分たちがいちばんではないんだよ」と私も必死に訴えた。たぶん、その真意を彼らなりに受け取ってくれたのだろう。「もっと、もっと」はほんとうの意味で、名晃の合言葉になった。これ以降、私は「もっと、もっと」がとても言いやすくなったのだ。

翌年の活力朝礼コンクール。私はあえて出場させなかった。社員たちは「リベンジ」とか言って出たがっていたが、私は許可しなかった。うっかり優勝でもしてしまってそれで慢心されても困るし、「もっと、もっと」が言いづらくなるからだ。

しかし、活力朝礼は今も続いている。名晃の活力朝礼が素晴らしいということで、倫理委員会が撮影に来てくれて、それがネットで公開されたりして、名晃が注目される理由の一つにもなっている。

活力朝礼を続けているメリットの一つとして私が感じているのは、「これはうちの社員にはちょっと無理だろうな」と思いながら発言したときに、これまでなら社員が「それはできません」「無理です」と反抗してきた。それが、私が「頑張ってやりましょうよ」「みなさんならできますよ」と言えば、賛成してくれるようになってきたこと。前向きになってきたということだろう。

朝から大きな声を出してあいさつをしたり、背筋を伸ばして人の話を聞いたり、また、みんなの前で業務の報告をしたりしているうちに、仕事へのモチベーションが高まって、社員同士の情報共有もスムーズになった。これは今後も続けていこうと思っている。

ニックネームは「なりたい自分」

活力朝礼は「朝礼」という名がついているものの、朝だけ行うとは限らない。昼でも夕方でも、時間も回数も問わず「活力朝礼」としている。名晃の場合は、朝に実施して、一人ひとりがその日の業務内容と退社予定時間を発表している。その際、自分の名前を名乗るのだが、そのとき必ず名前の前にニックネームをつけている。

「なぜ、ニックネーム？」と思われるだろうが、これはかなり戦略的に考え出したもの。人はそれぞれ自分に足りないものや、なりたい自分のイメージを持っている。その欠点を克服しようとしたり、「こんな自分をめざしたい」という志を持つ。それをニックネームにして毎日名乗ることで、否が応でも意識することになる。すると不思議なことに、その社員に変化が起こるのだ。

ある社員は「恩送りの○○です」と名乗る。この社員は入社したばかりの頃、私に反抗してなかなか言うことを聞かない子だった。それがなぜか今は「恩送り」というニックネームをつけている。誰かに恩返しをしたいという気持ちがあるのだろう。

このニックネームは各々が勝手につけていいわけではない。短歌を創るときに私と一対一で面談して、そこで一緒に決めていく。この面談でその社員が何を考えているかがよくわかるので、たっぷり時間を取って、だいたい一時間から一時間半は話している。

「どんな自分になりたいのですか？」と聞くと「私は積極的に募金をしたいです」と

か平凡なことを言うのだが、より具体的に本人に欠けているものに誘導していく。そうすると、本人にはこれが教育の一環だということを悟られずにすむのである。

これを年に一回は行って、一年間のニックネームを決める。この一年間が終わる頃には、ニックネームが現実のものとなり、本人のパーソナリティーとしてしみこんでいるのだ。

先の「恩送り」の社員には「誰に恩送りをしたいの？」と聞いたことはない。よく社員に「主語がありませんよ」と言うのだが、誰に恩送りをしたいのか、目的語がない。人づてに聞いた話だが、彼は「今の自分にまで育ててくれたのは峠社長だから、恩返しをしたいのは社長です」と言ってくれたそうだ。本人から直接そんな話を聞いたことは一度もないし、むしろ聞くのが怖かったというほうが正しいかもしれない。

それでも、私のことをそんなふうに思っていてくれたと知ると、涙が出るほど嬉しい。ときにはケンカをしながら、ときには褒め、何十年もかけて立派な社員に育ってくれたなあと思う。どんなに時間がかかっても、どんなにうるさく言って嫌われたとしても、その人の心に自分の気持ちが届いて、こんなに立派になってくれたと思うと、これほど嬉しいことはない。

顧客のゴミ置き場を掃除し「パワースポット」と呼ばれるように

名晃の数々の取り組みの中でも、特に注目されるのが「パワースポット化」である。パワースポット化とは、また突飛な話のようだが、そんなことはない。お客様のゴミ置き場を掃除してきれいにするという、名晃社員の自主的な取り組みのことである。

名晃では廃棄物の仕事を通して、循環型社会の実現と地域に貢献することを掲げている。地域に貢献することの前に、まず、名晃のお客様にどうすれば喜んでいただけるか、ご恩返しができるか。それを考えるように社員たちには言っている。

二〇一七（平成二十九）年、運輸部門の社員たちが「お客様のところのゴミ置き場を掃除したい」と言ってきた。しかも無償で就業時間外にやりたいと言う。私は当初「その発想は素晴らしいけれど、時間外でやるというのは大変なことだから、大丈夫ですか？」とあまり乗り気ではなかった。

運輸部門の社員たちが言うには「お客様にあいさつをしたり、収集の前に廃棄物に一礼したりしていると、お客様が感謝してくれます。暑いときには『ご苦労さん。冷たいお茶を飲んで行って』とか、寒いときには温かい缶コーヒーをくださったり。そうやって親切にしていただいたお礼に、自分たちができることは何かと考えました。それがゴミ置き場を清掃して、きれいにすることなんです」と言うのだ。

一度やってみて、それでお客様の様子をみようということになり、早速、彼らは掃除を始めた。

掃除を申し出ると、お客様は「いくらかかるの？」と聞かれるので「いえ、日頃の感謝の気持ちなので、無償でやらせていただきます」と答えると、「ほんと？」と半信半疑だったそうだ。「まあ、タダでやってくれるなら……」と許可をいただいて掃除を始める。

廃棄物が集めてあるところやゴミ置き場というのは、たいていゴチャゴチャしていて、汚れているもの。むしろそうでないところのほうが少ない。しかし、名晃の社員たちは、ここをきれいに掃除して、ゴミ箱までピカピカにしていくのである。

それを見たお客様は感激して「ゴミ置き場がパワースポットになったみたい」と褒

ゴミ置き場を徹底して清掃し「パワースポット化」。お客様からの信頼を得ることにもつながっている

めてくださった。以来、お客様の廃棄物置き場の清掃を「パワースポット化」と呼ぶようになり、これがまた名晃の評判を上げることになった。

人というのは不思議なもので、きれいになったところは案外、汚せなくなるものだ。それまで雑然として汚れていたゴミ置き場がきれいに掃除されて、ゴミ箱まで新品のようになっている。それを見たお客様は、ゴミ置き場をきれいに使用するようになったそうである。そうなればまた、回収もスムーズになり、社員たちの作業効率アップというメリットも。そのうえ、さらに「いつも掃除してくれてありがとう」という感謝のお言葉までいただけるのだから、彼らにとっては苦労でもないようだ。

しかし、あくまで無償で行うサービスである。本業の回収・運搬業務に支障のない程度ということで、月に一度という頻度で現在は落ち着いている。

他社からみれば「名晃は社員に何をさせているんだ？」という声もあるようだが、私がやらせているのではなく、社員が自主的に考えて実行していること。だからこそ「うちは名晃さんに任せているから」というお言葉をいただけるまでになったと思う。そういう意味でも社員には感謝しかない。

収集車はピカピカ、駐車も一直線上に

廃棄物収集車が走っているのを見かけると、名晃の収集車かどうかはひと目でわかる。車がピカピカに磨かれてきれいだからである。

産業廃棄物の収集・中間処理を行っている企業だからこそ、掃除を徹底的に行うのは夫である先代社長からの伝統。「くさい」「汚い」とか「3K」といわれ続けてきたからこそ、掃除を徹底し、そのイメージを覆《くつがえ》すこと。そこに腐心してきた。運輸部門の社員たちは常に収集車をきれいに磨いているし、それだけではない。

本社の駐車場に駐《と》めている収集車。この駐め方が実にみごとなのである。車間はもちろん、車の先頭も横一列にピタッと揃えて並んでいる。その正確さには目を見張ってしまう。

ご近所の方で、駐車場の前を毎日、散歩されている方がいる。その方は名晃の収集車の駐め方を見て「今日もよし」と確認されるそうだ。

収集車は常に清潔に保ち、美しく揃えて駐車することが名晃流

この話を聞きつけた社員たちが、誰からともなく、収集車の先頭を揃えて駐車するようになったようだ。細かいことかもしれないが、ここまで徹底して車をきれいにしたり、駐め方を揃えていたりすると「この会社はいい加減なことはしない」というアピールになっているようである。もちろん、それを意図して社員に指示したわけでも、強制しているわけでもない。

彼らは「自分たちがどう見られているか」を考えて、自分たちで工夫をするようになった。それが収集車の駐車にも現れているのである。収集車がズラリと等間隔で揃って駐めてある風景は壮観。来社される方には、ぜひ見ていただきたい。

現場のアイデアが特許を生んだ

「改善提案」でＰＤＣＡを行っていることは前にふれたが、必要は発明の母で、思わぬところからおもしろいものが生まれた。

現場でよく起こるトラブルのひとつに、収集運搬車などの車のパンクがある。釘や金属片などの小さなものが地面に落ちていても、肉眼では気づけないことがよくあるのだ。知らずに車で踏んでしまい、タイヤがパンクしてしまったり、場合によっては人が踏んでケガにつながることもある。これを何とか解決できないかということで、社員による模索が始まった。

金属片を人の目で探しても限界があるし、それを拾って歩くのでは時間がかかり効率的ではない。そこで出てきたアイデアが「磁石でくっつけたらどうだろうか」というものだった。確かに磁石なら、人が探して拾うよりも正確に小さなものまで集めることができる。問題は、それをどうやって実行するのかという点である。ここでも社員たちが素晴らしいアイデアを出してくれた。それはフォークリフトに取り付けられるような装置にしたらどうだろう、というものだ。フォークリフトのタイヤはパンクしないようにできている。そのフォークリフトの後部に強力な磁石の装置を取りつけて走行する。そうすれば、地面に落ちている金属片はその磁石装置にくっついて回収できるというわけだ。フォークリフトの後方に取り付ける着脱式にすれば、フォークリフトを改造することもないし、リフト作業をしながら使用できるので一石二鳥。さらに改造を重ね、装置の上部にノブを作って、それを引き上げると磁力を解除できる

特許を取得した「車両取付けタイプの金属片収集具」

ようにすると、金属片を一気に落下させて、回収することができる。

これは素晴らしい発明で、有名なフォークリフトの会社が驚いたそうだ。真似されるだけならいいのだが、先に特許でも取られてうちが使えなくなると困ると考え、二〇一七（平成二十九）年九月に特許出願して認められた。「車両取付けタイプの金属片収集具」という名称で特許権者は名晃。これは特許情報のデータベースに掲載されている。

こうやって日々の業務の問題に目を向けて、改善する意欲がある限り、さまざまなアイデアも生まれ、そのことがまた社員たちの自信につながる。この特許は名晃社員たちの誇りである。

先輩が後輩を育てる社風ができた

私もすっかり高齢者という年齢になった。会社とも社員ともいつまでつき合っていけるかわからない。今でこそ、私の考え方を理解し、自発的に動いてくれるベテラン社員が増えてきた。気がつけば、先輩社員が後輩を指導してくれているのを見て、ハッとすることがよくある。

たとえば新入社員に、恒例の「あいさつをしましょう」「笑顔でね」と言っても、なかなか言うことを聞いてくれない。だいたい一年はかかるのが常。しかし、先輩社員が指導すると、すぐにできるようになる。これは不思議なのだが、社長に言われるよりも、身近な先輩に言われるほうが素直に聞けるようだ。

「あいさつしたら、いくらくれる？」と言っていた社員が、今は後輩に「ほら、三十度で頭を下げて礼をする」と一生懸命に指導してくれるようになっている。「あの子も成長したなあ」と感慨深いのと同時に、先輩が後輩を育てる社風が浸透してきたことで、私の負担もずいぶん減ったと思う。

目標は日本一の廃棄物中間処理会社！

私は名晃という会社だけではなく、業界自体がプライドを持って仕事にのぞむためには、業界の社会的な地位が上がることが必須だと考えている。少なくとも日本の廃棄物業界は素晴らしい、日本は素晴らしいというように認識されたい。そうでないとＡＳＥＡＮの途上国に追い越されてしまうという危機感がある。

社員には常々「あなたたち、自分たちのことばかり考えていてはダメですよ。地域のこと、そして自分の町、市、県のことも考えてくださいね」と言っている。ついでに「いっそのこと岐阜県全体、東海、北陸、日本で一位になりましょう！」と言うと、もう社員の目の色が変わってくる。社員たちはこれまでのさまざまな活動を通して「自分たちでもできるんだ」という自信をつけてきているので、「日本一」という目標ができると、そこに向かって邁進していくのだ。

なかには冷静な社員もいて「そんなこと、できるはずがない」と言い返してくる。そういうときは「それでもいいじゃないですか。富士山の頂上をめざして、もしも頂上までたどりつけなくて、八合目あたりまでしか行けなかったとしても、それでもいい。何もしなかったら、一生、三合目あたりで終わってしまいますよ」と言う。できるかできないかは誰にもわからないけれど、目標を立てて、そこに向かって挑戦することが大切なのだ。そして、常に努力していくことが重要なのである。トップとしてはしっかり目標を設定し、そこに説得力を持たせること。そして、社員たちのモチベーションを保つことがいちばんの役割なのである。

経営理念は「地域とともに」

名晃の経営理念は「地域とともに」。では、地域とともに何ができるのかと考えると、形式というよりもまず、実行することが大切だと考えた。それで社員に言ったのは、「地域のゴミ拾いに行きましょう」「ドブ掃除をやりましょう」。

ところが豊かな世の中になって、舗装されている道路にはゴミがそれほど落ちているわけでもないし、そもそもドブがないのだ。二人ずつのチームになってゴミ拾いをしたときは、拾うゴミがないので、カラのゴミ袋をぶらぶら下げて社員が退屈そうに歩いている。それではみっともないので、もうやめようと言った。

ゴミ拾いやドブ掃除の必要がないのなら、地域のためにできることはいくらでもあるはず。それを社員に考えるように伝えた。その結果、地域のお祭りである「大垣まつり」や「十万石まつり」で、コンテナと分別容器を設置して協賛することになった。ここでは、分別容器に外国人の方も協力してくれるように、複数の言語表示をしている。

ある年、それを見た外国人の方が「表示のスペルが間違っている」と指摘してくださったこともあったのはご愛敬。

まず身近なお客様、そして地域。そこからどんどん輪のように拡げていって、最終的には日本という国のためになるような活動ができるといいなと思っている。そのためには普段から社員の教育に注力し、「〜のために」という広い視野を持って、実際に行動できる人間になってほしい。それこそ定年退職後には住んでいる地域のリーダー格になって、問題解決のお役に立てるような人間に育てたい。そんなことを夢見ている。

Column

現場社員の声（二）

Uさん　運輸二課　課長　五十一歳（入社二十一年目）

周囲に認められる喜び

運輸二課は一般廃棄物の収集、運搬を担当しています。一般廃棄物というのは主に飲食店や事業所から出た廃棄物、または集合住宅から出る廃棄物のことです。作業時間帯は基本的に深夜帯になります。

前職は建築業で、コンクリートを加工する仕事をしておりました。名晃に入社して一年ほど運輸一課、産業廃棄物の運搬業務を担当しておりましたが、その後、傭《よう》車《しゃ》というシステムで、名晃から仕事をいただくカタチで、一般廃棄物の収集を十年ほど続けました。傭車システムが廃止になったので社員として復帰し、復帰後一年ほどで運輸二課の課長を拝命し、現在に至ります。

名晃に面接に来た際、礼儀正しさ、あいさつのていねいさに驚きました。事務員の方にも出迎えから見送りまでしていただいて「こんなきちんとした会社で自分は勤まるのかな」とさえ思いました。自分が勤めていた前職では、仕事さえできれば、人間性は問われない、年上の人にも罵声《ばせい》を浴びせるような世界だったからです。礼儀作法を知らない当時の自分は「会社のルールだから」「まわりがしているから」という気持ちで、しかたなくあいさつを真似るようにしていました。

数年経って、礼儀作法がようやく身についてきた頃、前職の友人に会うと「すごく変わって別人みたいだ」と褒められました。入社して間もない頃はあいさつなんて恥ずかしいとさえ思っていたくらいですが、自分が変わっていくことによって、周りに認められたり、褒められたりすることの嬉しさも感じるようになり、じょじょに変わってきたと思います。ただ、峠社長が求める礼儀正しさや他者への思いやり、人間力のレベルが高いので、そこに至るにはちょっと苦労しています。

属人化を正す仕組みづくりに奮闘

課長を拝命したときは、自分より年上で社歴の長い人もいましたし、最初の数年は、なかなか言うことをきいてもらえませんでした。ターニングポイントは収集ルートの共有化でした。たとえば、何十件と収集にいく中で、取り忘れたお客様があったとします。当時はどこに収集に行くということは、担当者の頭の中で記憶しているだけで、完全に属人化していたのです。それを紙に書いて見えるようにしようとか、ミスが起こらないような仕組みづくりを考えていくようにしました。私たちの仕事は、お客様の出入りがとても激しい。そこで私がお客様情報をパソコンに登録して、精査できるようにしました。

また、自分の担当以外の収集ができるように、ルートの見える化も進めました。たとえば、ゴミ置き場の位置も人それぞれの表現方法で、「店の前」と書く人もいれば「店の北側」と書く人もいます。それを東西南北に統一したり、廃棄物の容器もステンレスなのか木製なのか、そういった特徴をすべて記入して、誰が見ても「これだ」とわかるようにしています。

お客様のデータ化の後、契約書を取り出して、お客様の契約内容や地図を準備したうえで、収集車の助手席にも一人乗せて、お客様のところを実際にまわるようにしました。これを何度か試して、そのルートの担当者以外の社員も、収集にまわれるように憶えていきました。こうしてルートの属人化から脱することができるようになり、誰かが休みを取った日は、他のルートの担当者がカバーできる体制が整いました。結果、完全週休二日制も実現しました。

今日は運輸一課で病欠している人がいるので、うちから一名、お手伝いに行ってもらっています。コロナ禍の頃はまだその仕組みができていなかったので、他部署をお手伝いすることはできませんでしたが、今でしたら、ある程度のことは対応できるようになりました。

入社以来、峠社長にはずいぶん注意もされましたし、褒めてもいただきました。社会人としての礼儀作法ができていなかった私にほんとうに目をかけ、多くの時間を割いてくださった。だからこそ、今の自分があると思っています。（談）

◎峠テル子より

Uさんは男っぽい男。文章を書けと言うと露骨にイヤな顔をしたり、好き嫌いの感情がもろに顔に出るようなタイプ。しかし、根性も責任感もあるので、目をかけていた。今では自分の部署をしっかりまとめて、私の考えていた以上に成長してくれた。

今回も、運輸一課でインフルエンザの社員が出て、忙しい時期に人手が足りなくなってしまった。一課の社員が困り果てて「Uさん、ちょっと社員を貸してもらえないだろうか」とお願いしたら、Uさんは「わかった、いいよ」と二つ返事で軽く承諾してくれたという。運輸一課の社員はそれでほんとうに救われたと涙ながらに私に報告してきた。運輸二課のやり方を根本的に変えて、属人化の是正や効率化をはかり、他部署の手助けができるまでにしてくれたこと。私の「この子はやればできる」と感じたことは間違っていなかった。

第六章

廃棄物業界の発展と社会貢献

――ゴミのプロとしての使命と役割

「不法投棄」をする業者

われわれ産廃業者に対して世間の目が冷たいのは今に始まったことではない。しかし、業界として白い目で見られるのは、マスコミでもよく報道されている「不法投棄」にも原因の一つがあると思う。

産業廃棄物は環境問題と密接に関わっている。ＳＤＧｓが重視される中、地域に迷惑をかけたり、地球環境に悪影響を及ぼすような行為は、即、会社の評判に影響する。

ただ、名晃が創業した一九八〇年代は、今ほど環境問題が取り沙汰されていなかった。日本経済は成長期にあって「消費は美徳」であり、産業が発展して廃棄物が増えると「ゴミを集めて、どこかに捨てればいいんだろう」と安易に考えて仕事を始める企業も少なくなかった。それこそ人里離れた山奥に捨てに行ったり、野焼きをしたり、いい加減な処理をする「不法投棄」が蔓延していた。そのため法の規制は厳格になっていき、廃棄物処理業者は淘汰されていった。

昭和の時代には、さまざまな企業が濫立し、それこそ収集エリアの縄張り争いのようなことも起こった。企業もまさに玉石混淆《ぎょくせきこんこう》で、まっとうな人が経営しているとは思えないような企業もあり、当社の営業エリアを分割しようなどというとんでもない話が出て、怖い人たちが当社に乗り込んできたことも一度や二度ではなかった。

しかし、そんなことに屈する私たちではない。資本主義経済の中でまっとうな営業活動を行い、お客様から得た信用で業績を伸ばしてきたのだ。そんな理不尽な要求には真っ向から反対した。

今はそれほどのことはないが、過去にそういうことがあった業界だからこそ、私たちは法律をきちんと守って、それを会社の特長にしていけばいいと考えた。これは今も変わらない。常に遵法精神である。

「事故なく！　苦情なく！　車綺麗に！」は先代社長の言葉だが、この精神を大切に、社員たちは循環型社会の一翼《いちよく》を担《にな》う人間として、常にルールを守っていくことを第一にしている。

名晃は既に健康経営優良法人『ブライト５００』の認定を受けている。企業にホワイト企業とブラック企業があるなら、私たち産業廃棄物業界も、よりホワイトな企業の比率を多くしていくことが急務である。そのためには、名晃が先頭に立って、「あそこはいい会社だ」「いい業界だ」と認めてもらえるように努力を続けていく。

適正価格、適正処理

廃棄物業界はまさにオセロゲームのようだ。営業エリア内でお客様になり得る企業様の数はそれほど急増しないので、どうしても決まったパイを取り合うようなことが起こる。そうなると、価格競争が始まるわけだ。名晃が五十万円で契約しているお客様のところに、別の会社の営業が「三十万円でどうですか?」と持ちかける。こんなビジネスは不毛である。

名晃はこの価格競争に巻き込まれたくないと考えているので、あくまでサービスで勝負している。まずは社員のレベル。あいさつやマナーはもちろんのこと、社内で「環境アドバイザー」制度を作って、廃棄物の専門的な知識を学んでもらい、必要とあれば、お客様のお困り事やご相談にも専門家として対応することができる。また、最終的な処分は信用できる業者と提携し、環境負荷を減らし、再資源化にも注力している。このように真っ当な経営と社員教育でお客様から信頼を得ることで、「価格が安い会社より、きちんと仕事をしてくれる名晃のほうがいい」と言われるように努めてきた。価格競争に巻き込まれてしまえば、利益が薄くなって社員に満足な給料を払えなくなり、教育する余裕さえなくなる。薄利多売でサービスの質を落とすことなく、適正価格と適正処理によって、名晃は成長してきたと自負している。

電子マニフェストシステムに加入

循環型社会に向けて、廃棄物業界に対する法令の厳格化は前にお伝えした通り。その中で特に重要なのはマニフェストシステムである。

企業が出した産業廃棄物が適正に処理されたかどうかを確認する書類を「産業廃棄物管理票（マニフェスト）」といい、この書類によって産業廃棄物がどのように処分されたか、その流れを簡単にチェックすることができる。

マニフェストには二種類あって、名晃にとってはお客様にあたる廃棄物の排出企業、収集運搬業者（名晃）、処分業者でやりとりするマニフェストを一次マニフェストという。処分を委託された中間処理業者、収集運搬業者、最終処分業者間でやりとりするのが二次マニフェスト。マニフェストは五年間の保存義務が法律によって定められている。そのため、以前のような不法投棄などは、本来、あるはずがないのである。

名晃ではより効率的な事務処理と透明性のために、電子マニフェストシステムに加入している。電子マニフェスト制度は、マニフェスト情報を電子化して、お客様（排出事業者）、収集運搬業者、処分業者の三社が情報処理センターを介したネットワークでやり取りする仕組み。運搬・処分終了の通知や報告期限切れ情報の通知、マニフェスト情報の保存・管理などがこのシステムによって共有化され、情報伝達の効率化が実現し、法令遵守にも有効だ。

名晃は「収集運搬業」「処分業」に関する電子マニフェストシステムに加入し、産業廃棄物の適正な処理に貢献し、処理情報を保存・管理している。

産廃業界は情報戦

産業廃棄物を扱う企業は、法令によって定められたことを遵守しなければならない。しかし、肝心の法令は日々刻々と変化していく。政府が頻繁に変えていくからだ。三年に一回や五年に一回という頻度で、それまでは許可されていたことが禁止になったり、今ではもう「ゴミ」という言葉さえ使わないようにというお達しがきている。ゴミではなく、廃棄物でもなく「製品」と言いなさいということなのである。

たとえば、ゴミとしてペットボトルを回収したら、それをリサイクルしてペットボトルという製品にしなさいという。私たちは回収したペットボトルを、製品化する業者に持って行く。理想を言うならば、この「処分」まですべて自社で行うことができれば、産業廃棄物業者としては完結するわけだ。しかし、基礎体力のない小さい会社が、自社でこれをやるとなると、そのための工場が必要になり、費用が膨大にかさんでしまう。

ちなみにこういった指示は環境省から出てくる。この情報は新聞に掲載されるし、それが施行令として出てきて、県から「こういうふうに決めます」という具体的な方法がおりてくる。そうなるとわれわれの力ではもう変えることはできない。

変更された法令に従って、われわれは仕事のやり方を変えていく。したがってビジネスの柱を持っておかないと、いつ何時、会社が潰れるかわからない。これはどの業界でも企業でも同じだと思う。いかに情報を事前にキャッチし、施行までに備えるか。だから、企業の生き残りは情報戦でもある。

私の場合、新聞や書籍は好きでよく読んでいるし、さまざまな協会やトップの会合にも顔を出したり、役職をボランティアで引き受けたりしている。そうしていると、必要な情報はある程度キャッチできるようになった。

二代目社長たちへの提言

業界の役職を務めるようになって、組合の会合に参加してみると、社長たちは世代交代し、二代目がほとんど。名晃といえば「あいさつがしっかりしている」というイメージを持たれているらしく、私にはあいさつの相談ばかりがくる。「取引先に行っても、うちの社員があいさつをしないんですよ」といった具合。まるで昔の名晃の話のようである。

そこで、あいさつをテーマにして、ワークショップを開催することにした。スライドに四マスを書いて、事例をあげていく。まず一つ目のマスには「社員も社長もあいさつをしない」というマス。二つ目は「社員はあいさつをするけれど、社長はしない」マス。三つ目は「社員はあいさつをしないけれど、社長はする」というマス。そして四つ目は「社員も社長もあいさつをする」というマス。この中で圧倒的に多いのが「社員はあいさつをしないけれど、社長はする」という三つ目のマスだった。社員にすれば「どうしてオレたちがあいさつをしなければいけないのか?」という声が上がる。私は口で言ってもダメだと思ったので、このマスを見て「企業が発展するのはどのマスでしょうか?」と言って、受講者に考えてもらう。そうしたら「やっぱり、社長も社員もあいさつをする、だろうな」ということになり「やっぱり、自分たちもあいさつをしないといけないのかな」という声があがってくる。

職場における挨拶の影響

△ **社員はあいさつをしない、社長はあいさつをする** →一方通行のコミュニケーション	× **社員も社長もあいさつをしない** →冷たい職場環境
○ **社員も社長もあいさつをする** →良好な企業文化	△ **社員はあいさつをする、社長はあいさつをしない** →職場の士気低下

私の最終的な目標には「社員を幸せにしたい」とか、「業界を発展させたい」という気持ちがあるが、その気持ちだけを押し売りしてもダメだと思っている。より論理的に具体的に話したり見せることが必要で、このワークショップも好評だった。こういう話が各方面に広がって、講演やワークショップの依頼をいただくようになり、ついには書籍まで出す機会に恵まれたわけである。

話を戻すと、業界を見渡していると、親から事業を引き継いだ二代目の社長さんたちは「跡継ぎだ」と大事にされてきたせいか、他人の言うことにあまり耳を貸さない傾向があるように思う。SDGsの時代なのに、今まで通り、親から引き継いだ通りのやり方で経営していて、それでいいのだろうか？

時代の変化とともに業界も変化している。国の方向性や業界の問題点にも注意していないと、ある日突然、営業できなくなる……などという可能性がないとは言い切れない。常にそういう危機感を持っておくべきではないだろうか。だからこそもっとしっかり勉強し、情報をキャッチする姿勢が必要ではないかと思う。

人材育成には時間とお金をかける

「産業廃棄物の会社に、いい人材は来ない」と決めてかかっている採用担当の方たちに声を大にして言いたいのは、人材はその会社に入ってからが勝負。つまり、自社でどうやって育てるかが大切だということである。

そのためには根気よく励ましたり、努力を褒めたり、経営側の継続的な努力ととももに、社外の講習会や勉強会にも積極的に参加させて、外からの刺激を受けさせることだ。

うちの社員も「講習会に行ってきなさい」と言うと、必ず「そんなの、今さら行きたくないわ」と文句を言っていた。それでも通常業務の手を止めても、お金をかけて勉強に行かせた。学ぶ内容はもちろんだが、そうすることで他人の学ぶ意欲を見たり、刺激を受けたりすることは必要だと考えているからだ。

人の育成には時間もお金もかかるが、それは後になって何倍にもなって返ってくると私は信じている。トップダウンの会社をボトムアップの会社に変えることも可能だ。ただし、それは社員に丸投げのボトムアップではない。社員のレベルが高くなることと、社員を信じているということが大前提である。

社長たちを見ていると、まず社員を育てる意欲が薄いようだ。私は社長たちに「社員の幸せはあなたたちが握っているのですよ」と声を大にして言いたい。会社の経営の舵《かじ》を正しい方向に取り、社員を教育することを怠らない。それができない会社に未来はないと思う。

外国人アパートから全国に発信

私がゴミ収集の現場に行く機会は少なくなった。しかし、たまに見に行くと、驚くようなできごとに遭遇することがある。

ある外国人アパートのゴミ庫があまりに汚くて、収集が大変だという話を聞いて、早速、現場に行ってみた。ゴミ庫は四畳半くらいの大きさなのだが、ゴミを集めるためにドアを開けると、ワーッとゴミが雪崩《なだれ》を起こして飛び出してくる。ゴミは分別されずにごちゃ混ぜになっている。何よりひどいのは、生ゴミが飛び出てくることだ。

私たち日本人はゴミ袋に生ゴミを入れて、そのゴミ袋ごと出すのが常識。しかし、外国の人たちは生ゴミを入れる袋を何回も再利用するらしく、ゴミ袋にたまった生ゴミだけをゴミ庫にぶちまけて、ゴミ袋は持ち帰るのである。これではゴミ庫は汚く不衛生になり、においも発生する。収集しようにもどうしようもない。

そこで私は、外国から来ている人たちを集めて全国に就労手配している会社に行って、「ゴミ袋は再利用せずに、ゴミ袋ごとゴミ庫に入れるように言ってください」とお願いした。そうしたらその会社が全国の外国人に通達したのだろう。そのアパートで生ゴミがぶちまけられているという状況はなくなった。

ついでにゴミ庫を整理すると、奥のほうにガラクタがたくさん詰め込まれていた。処理のしかたがわからなかったのだろう。奥にガラクタがあるために、ゴミが入口のほうに少ししか入れられない。だからすぐにいっぱいになるし、汚くなっていたのである。ガラクタを処分してスペースができると、ゴミも捨てやすくなった。

後日、このゴミ庫がきれいになったというので、再度、見に行った。すると「どこにゴミがあるの?」というくらいきれいになっていて驚いた。

少子化が進む日本では、外国人の労働力も欠かせない。ちょっとした文化の違いで起こる行き違いを避けて、地域で共存していくことはとても重要である。この事例の経験から、現在は外国人の方が住むアパートやマンションの管理会社に対して、母国語による正しいゴミ分別のしかたの看板設置を働きかけている。この動きは全国に広がっていて、多くの方に喜ばれている。些細なことかもしれないが、地域から全国に広がったおかげで、少しは国のお役に立てたかなと思っている。

経営基本方針の「地域とともに」という言葉をお題目のように発するばかりではなく、実際に行動を起こせば、新たな糸口が見えてきたり、社会を変えるきっかけになるかもしれない。世の中のためになることを考えて、できることから実践する。その積み重ねが業界に向けられる目を変えることになると考える。

ＪＩＣＡへの協力

地元のお祭りに協賛し、ゴミ収集のクリーン作戦を行うことも地元貢献。外国人住民のための母国語看板の設置を働きかけるのも、ボランティア活動。名晃ばかりがしゃしゃり出るつもりはないが、こういった取り組みを重ねることで、社会的な信用は上がっていくと考えている。

仕事以外の活動は、ともすれば社員から文句が出たり、反発があったりしがちだが、長年のさまざまな地域活動の中で、一般の方々にも感謝される経験をしてきた名晃の社員たちは、嬉々として動いてくれるようになった。

「自社の売上げにはならないから」「めんどうだ」と言って、頼まれたことを引き受けないという姿勢では、社会から評価される企業にはなれない。

当社では、二〇一五（平成二十七）年の二月、二〇一八（平成三十）年の六月に、JICA（国際協力機構）のODA（政府開発援助）から、『日本企業の環境取り組みの研修先』に選ばれた。ブラジルをはじめ六カ国の研修生が名晃を見学に訪れたのである。

このような研修先として選ばれることは名誉なことだ。一方で、準備に費やす時間などもあり、大変といえば大変な出来事だった。しかし、こういった国際事業にも協力することで、少しでも日本という国のイメージアップの役に立てるのであれば、それは望むところである。自社の利益追求だけではなく、地域や国にメリットのあることに積極的に関わろうという意識は、中小企業であっても持つべきではないかと思っている。

「出前授業」で名晃の想いを子どもたちに届ける

「地域とともに」という経営基本方針を掲げている名晃は、未来を担う子どもたちにも私たちの想いを伝えたいと考えている。『読売わたしのＫＯＤＯＭＯ新聞コンクール』の出前授業を行うのもその一環だ。

現在の小学生は小さい頃からスマートフォンに慣れ親しんでおり、情報をすぐに取得できる環境下にある。その一方で、間違った情報を安易に鵜呑《うの》みにしてしまったり、自分に都合のいい情報しか見ないといった状況も発生している。そんな時代を生きる子どもたちに、「幅広く情報を集め」「正しく情報を読み解き」「わかりやすく伝える」という情報リテラシーを身につけてもらうのがこのコンクールの趣旨。子どもたちはまず出前授業を受け、その内容をもとに新聞を作成し、コンクールにエントリーするという流れだ。

二〇二五（令和七）年一月、名晃は三度目の出前授業に赴《おもむ》いた。授業を受けてくれるのは大垣市内の小学四年生の子どもたち。運輸一課の社員たちが講師となって五十分の授業を行った。

内容は名晃のゴミへの取り組みが中心で、SDGsまで話は広がる。子どもたちは社員の話に真剣に耳を傾け、一生懸命にメモを取っている。授業の途中で「今の先生（名晃社員）の話、名言だから黒板に書いて！」というリクエストまで出た。授業の終盤には子どもたちからの質問を受けたが、子どもたちの好奇心は旺盛で、目を輝かせながら手をあげる。さまざまな質問が出て、時間が足りなくなるほどだった。私も最後に子どもたちの前に立ち、生きていくうえで大事にしてほしいことを話した。

授業が終わると子どもたちは「また来てね」と名残惜しそうにしてくれる。これが社員にも私にもとても嬉しい瞬間だ。

出前授業を行う社員たちの姿を見ていて、以前は自分の言葉で人に何かを伝えることが苦手だった社員たちが、講師を務めるまでに成長してくれたことを実感して、とても頼もしく思う。社員たちにとっても、人前に出て自分たちの仕事や活動を発表するのは素晴らしい機会。子どもたちに「先生！」と呼ばれると、とても嬉しそうだ。子どもたちの新聞づくりのための授業とはいえ、実は社員のプレゼンテーション力の

小学生の前で社員たちが講師を務めた

授業を聞いた子どもが描いた壁新聞の一部

見せ場であり、地域や次世代への貢献を実感できる時間になっているはずである。

社員への感謝

社員が二十人から二十五人、三十人と増えていくなかで、一人ひとりが成長していってくれるわけだが、それを一人ひとり、毎日追いかけてつぶさに見ている時間は持てない。私が気づいたときには「ああ、ずいぶん成長してくれたなあ」と思うことが多く、それを感じるときが経営者としてはいちばん嬉しい。今は社員たちがほんとうに成長してくれて、自分から考えて動いてくれるようになったので、私は報告を受けるくらいで大丈夫なところまできた。

おかげさまで会社も無借金経営。社員たちには「会社なんだから、みんなが一生懸命に仕事をして、しっかり売上げを伸ばしていかないと、給料は上げられませんよ」と言い続けているので、社員たちにも「自分たちがしっかり働いて稼がないと」という意識は浸透していると思う。

名晃のような小さく平凡な会社でもそれができるのだから、他の会社さんができないはずはない。社員一人ひとりが自走できるようになれば、会社として業績も上がるし、信用がつけば今度は地域でやれることが増えて、この地域、あの地域と好循環が広がっていく。

結局、企業の力というのは、社員一人ひとりの「人間力」に他ならない。この「人間力」をどうやって育てていくことができるか。それがトップに課せられた役割だと思う。

名晃もおかげさまでマスコミに取り上げられることが増えた。社員の取材対応を見ていても、実に饒舌《じょうぜつ》で、嬉々として自分たちの仕事や取り組みについて語っている。そこにはもう、私に反抗ばかりしていたヤンチャ坊主の面影はなく、仕事に誇りを持ち、自信にあふれた社員の姿があり、私の胸はいっぱいになる。

名晃の経営方針でもある「社員の働きがいと生きがい創り」をさらに推し進めて、会社やお客様、地域、業界、国の発展に向けて、社員たちとともにできる限りの活動を続けていきたいと考えている。

ボトムアップ経営の継続

名晃は毎年、右肩上がりで純利益が増えているが、これは長年、継続してきたさまざまな取り組みによる効果だと考えている。社員たちは私の想像を超える成長を遂げており、今では私が把握しきれないほど自ら考え、業務効率をアップさせるまでになった。社員たちを信じて、ボトムアップ経営に切り替えてよかったと思う。

今後、このボトムアップ経営をいかにして継続していくか。私が退《しりぞ》いた後も継続していけるかが課題であると思う。そこで、当社ではこれまでの取り組みをマニュアル化した。

具体的には、法令の遵守、あいさつの徹底、会社の決まり事の徹底、各現場で毎月の業務データを取ってグラフで見える化する、５Ｓの勉強会、ＩＳＯ１４００１、ＳＤＧｓの未来経営評価書、ＳＢＴ未来経営宣言、読解力の勉強、利他の精神の培養の十項目である。これらはもちろん、現在も継続中である。

また、これらはすべて記録を取って、過去の台帳やパソコンを開けば、誰でも経緯がわかり、継続できる仕組みづくりをしている。つまり、担当者が変わっても仕組みが残っていれば、人材と組織は育つからだ。

これらのマニュアルをもとに、四つの部署でそれぞれ会議を開いて議論を深め、今まで以上に働き方改革に社員たちが取り組んでくれている。ほんとうに頼もしい限りである。

Column

現場社員の声（三）

Sさん　輪之内リサイクルセンター　センター長　四十七歳（入社十年目）

リサイクルセンターが重要な理由

私の前職はトラックの運転手です。友人が名晃で働いていて「人手が足りない」と言うので、一度峠社長に面接をしてもらったのです。そこでなぜか社長に気に入られ「いつ入社できますか？」と聞かれたので、私も嬉しくなってしまい、その二カ月後に入社しました。

入社後四年ほどは運輸一課で収集車に乗っていましたが、その後、輪之内リサイクルセンターに異動になりました。二年ほど前にセンター長に任命され、今も続けております。

輪之内リサイクルセンターには収集された大量の産業廃棄物が運ばれてきます。

これをていねいに仕分けし、何度も使用できるようにする「マテリアルリサイクル」の量を増やす役割を私たちは担っております。たとえば、名晃がある法人のお客様の産業廃棄物を百万円で請け負うとします。これを埋立業者や焼却業者に渡して処分してもらうのですが、収集したものすべてを埋立や焼却にまわすと、その処理費用がかさんでしまい、名晃の利益はなくなります。そうではなく、ていねいに仕分けして、再度使えるものを「マテリアルリサイクル」として売却すれば、埋立や焼却量が減ってその費用を抑えられるだけでなく、「資源」としての売却益も上げられます。また、ＳＤＧｓの観点からいっても、CO_2の排出量削減になります。そのため、私たちリサイクルセンターのていねいな仕分けは名晃にとって、とても大切なのです。

最初のうちはただ一生懸命、分別をしていたのですが「それを証明するデータはないのですか?」と峠社長に言われ、「今日一日の焼却はこれだけ、埋立はこれだけ、マテリアルはこれだけです」というように数字を出して報告をするようになりました。その報告を聞いて社長から「今日はすごく頑張ったね」とお褒めの言葉をいただくようになり、それでまたみんなが頑張ろうと奮起するということで、どんどん数字が上がっていくようになりました。やはりみんな、社長に褒められると嬉しいのです。ただ、社長は私たちにああしてほしいとかこうしてほしいということはまったく言いません。自分たちで考えなさい、と。それは私たちを信頼してくれているということです。それが自信につながっているところもありますね。

峠社長からはひとつだけ「これからはマテリアルの時代が来ます」というお話があり、われわれもマテリアルについて真剣に勉強をし始めました。同時に毎日の成果をグラフにして事務所に張り出し、〝見える化〟に努めました。

「無理をさせているのではないか」という不安とコロナ禍

〝見える化〟の推進はとても効果がありました。他業者に処分をお願いする量を減らし、売却できる分を増やす。そのためにはていねいな仕分けしかないわけですが、私が「社長に褒められたよ」と言うと、みんなは喜んで頑張りますし、それが数字にあらわれて「売上に貢献できている」という実感は、みんなのやりがいや自信にもなりました。一方で、私にはどこかで「みんなに無理をさせているのではないか」という不安もよぎります。

しかし、それも杞憂《きゆう》に終わったようです。コロナ禍で、産業廃棄物の収集量は一割ほど減り、社員のあいだでも「このままではボーナスが出ないのでは?」という不安の声もあがり始めました。しかし、産廃の量が減っているのなら逆にていねいに仕分けをして処分費を減らし、売却益を出せばいい。私たちはそう考え、一心に仕分けをしました。結果、コロナ禍でも名晃はマイナスになることはなく、微増という成績を残せたのです。

われわれの輪之内リサイクルセンターの仕事は、「こんなものでいいだろう」と仕分けの手を抜けば、それが如実に金額にはねかえります。だからこそ、毎日気を抜かず、産業廃棄物から宝を取り出すつもりで、ていねいに仕事をしていこうと考えています。(談)

◎峠テル子より

輪之内リサイクルセンターの士気が上がった理由のひとつに、〝数値化〟がある。通常、廃棄物の計測はリューベという体積の単位で表すが、センターではお金に換算している。体積の単位よりもお金のほうがわかりやすいのは明らかだ。営業はリューベで契約を結ぶ。「月間で〇〇リューベ出るから、これぐらいで引き取ります」ということなのだが、リューベでいうと採算が取れる場合と取れない場合が出てくる。名晃は中間処理業者なので、最終処分業者に支払う分がある。その金額が大きくなってしまうとうちは赤字になる。そういうことがないように、金額で採算を考えて利益が出る仕事をしよう、と常に話している。それをSさんはじめリサイクルセンターの子たちはよく理解しているのだ。

現場の仕分けはとても大変だと思うが、Sさんはとても穏やかな性格で、リサイクルセンターの社員を引っ張っていってくれている。それに誰も辞めない。私は常々「私たちの仕事はSDGsそのものですよ」と言っているが、それもまた、社員たちの背中を押していると思う。

終章

日本の未来のために

――子どもたちに残したい思い

前章まで私の生い立ちから起業・会社経営と、仕事に関する話を続けてきた。この終章では私のボランティア活動について少し述べさせていただきたい。会社経営とボランティア、これが私・峠テル子の人生における両輪である。健全な会社経営を通して、社員たちを幸せにすること、そして、厳しい環境に置かれている青少年のために、できる限り力を尽くすこと。この二つに私は生涯のすべてを賭けているからである。

青少年育成アドバイザーを務める

生来のおせっかいと、他人に頼まれるとイヤと言えない性格で、業界の役職はもちろんのこと、仕事に直接関わりのないことまで、私はさまざまな役割を引き受けてきた。

会社では愛すべきヤンチャ坊主たちを立派な社会人に育てようとする一方で、会社の外では約四十年間、青少年育成アドバイザーとして活動した。

青少年育成アドバイザーとは、青少年の育成活動において、専門的知識や経験をもつ青少年育成指導者のことである。青少年育成指導者のための通信教育で学び、一定の課程を終えると認定され、健全な青少年育成をめざし、さまざまな地域活動に参画することができる。私は市や県や国の研修会のほとんどに参加することができ、地元の青少年育成支援活動に取り組んだ。この経験は自社の社員教育にも応用することができ、大変役に立ったと思う。また、長年、青少年育成アドバイザーを務めた関係で、青少年の健全な育成に向けて無私の活動を行っている多くの方々とご縁ができ、それは今の私の大きな財産になっている。

二〇一九（令和元）年から二〇二二（令和四）年の四年間は、全日本青少年育成アドバイザー連合会の会長を拝命した。会長を退任し、顧問となった後は、地元の子ども支援団体などを訪問している。全国各地に子どもを幸せにするための会や団体は多数存在する。子ども会、ＰＴＡ、子ども食堂等々。ほとんどが運営者の献身的なボランティアや資金繰りによって成り立っている。しかし、比較的年齢が高い方が運営していることもあり、訪問先での会長からは、「もうやり手がいないし、事務局をやってくれる人もいない。メンバーも高齢化しているので、やめるしかない」という声も少なくない。

『こども環境未来塾』の創設

子ども食堂に限らず、子どもの居場所づくり、学童保育など、さまざまな個人や団体が子どもの支援活動を続けている。そして、どこも大なり小なり問題や課題を抱えている。それぞれの団体にはそれぞれの考え方や運営方法があり、そこに他者が口を挟むことはとても難しい。しかし、やり方は違っても、目的は同じ。「未来ある子どもたちのために」である。

子どもたちのために私に何ができるのか。自分の年齢を考えると、私が子ども食堂や子どもの居場所をつくるというのは現実的には難しそうだ。そこで考えたのが、これらバラバラに活動している団体の、緩やかなネットワークをつくるということだ。

たとえば、岐阜県なら岐阜県にあるさまざまな団体を一つにまとめてネットワークをつくり、お互いに融通し合い、協力し合う仕組みをつくる。さまざまな情報をオープンにして、年に数回、自分たちの活動報告会を開き、そこでお互いができることを融通し合えば、運営している人一人にかかる負担が軽減できるのではないかと考えたのだ。

また、職場では完全週休二日制が定着している。仮に休みの日一日でも、地域で開催されるボランティア活動に一般の方にも参加してもらえれば、マンパワーの問題もかなり解消できそうである。できる人ができることを、無理なく自分から進んで参画する。そのためにも地域社会の緩やかなネットワークづくりは急務だ。

このようなことを考えていたので、私は自分の想いを広く知ってもらうために、文章をA４一枚の紙にまとめた。タイトルは「『こども環境未来塾』創設に当たって」。そしてこの紙を地元春日井市の子ども政策課に持って行った。すると反響は上々。早速、愛知県春日井市役所に呼ばれた。春日井市の子ども政策課のご担当者たちから「峠さん、その節はお世話になりました」と声をかけられ、「え、どなたでした？」と思っていたら、私が何十年も前にボランティア活動していたときの職員さんたちであった。みなさん、出世されていたのだ。私は「憶えていてくれる人もいるんだ」と、とても嬉しく、心強かった。

二〇二四（令和六）年九月には、さまざまな子ども支援団体の会長さんたちと会って、具体的にどういう形でできるのかを話し合った。それぞれに一生懸命で、考え方も違ったりするから、お互いに干渉するということではなく、最初は緩いつながりでいいじゃないか、ということになった。まず、一年でモデルをつくろうということで話がまとまった。

春日井市でこれが成功すれば、モデルケースとして、他の自治体にも広がっていってほしい。そうなることで、子どもたちへの支援の輪が、「もっと、もっと」広がっていけばいいと切に考えている。

名晃の社員たちが成長してくれたおかげで、私はこちらのボランティア活動にもかなりの時間を割くことができるようになった。ただ、社員たちが会社のために成長してくれればいい、とは考えていない。社員の成長は社員自身の幸せのため。けれど、自分が幸せになれば、他者にも思いやりを持てたり、利他の精神が育つと私は信じている。そんな彼らが自分たちが住んでいる地域でもリーダーシップが取れるように、名晃では人材教育をしているつもりである。そして、いつか私が提唱している『こども環境未来塾』のように、世の中のためになることを実行できる人材として、地域でも活躍してくれることを夢見ている。

現場社員の声（四）

Mさん　執行役員本部長　四十六歳（入社十八年目）

ドライバーから配車係へ

現在、営業を中心に本社の執行役員本部長という役職をいただいております。

名晃に入社する前は中長距離トラックのドライバーをしておりまして、家にはお風呂と食事のためだけに帰るという生活でした。毎日、家に帰れて同じ時間に出社できるということで、名晃でも二年半ほど産業廃棄物の収集車に乗っておりました。

収集車に乗っているときに、「こういうところにゴミがたまっていましたよ」とか「ここに建物が建ち始めました」というような情報を提供すると報奨金がもらえる制度が始まりました。それで積極的に情報をあげるようにしていたら、峠社長から「事務所に来て営業をやってみない」と声をかけていただきました。

報奨金も出ると言うし、それが営業につながればいいなと思って情報をあげていたのですが、実際には営業の担当者はなかなか動いてくれません。「それなら自分が」という反発心もあったと思います。峠社長に声をかけてもらって営業に行くという流れだと思っていたら、「あなたは営業じゃなくて配車業務をやってください」と急に命じられました。

それまで運転しかしたことがなかった人間です。事務所のパソコンの電源を入れることも切ることもできませんでした。それに社会人としての経験はあっても、ドライバーは対人スキルがそれほど要らない職種。社長はそんな私のことを冷静に見て、足りないスキルをつけようとしてくれていたのだと思います。

社長は配車業務を「扇《おうぎ》の要《かなめ》」という表現をされます。確かにお客様から受ける電話対応はもちろん、ドライバー、営業などあちらこちらとコミュニケーションを取る必要がありますし、社員に動いてもらわないといけない立場でもあるわけです。

ここではがむしゃらに仕事をしました。

その後、営業の社員が一人抜けたタイミングで、営業担当に変わりました。営業の駆け出しの頃は、同業他社さんの技術やサービスの優劣ばかりを見て、「うちの会社にはこういうところがない」とか、どこに行っても「既に回収してくれているところがある」と言われて、峠社長に弱音を吐いたり、嘆いたりしていました。しばらくしてから自社の良さに気づき始め、それをお客様の前でも素直に言えたり、社員のみんなの前でも言えるようになり、そこから自信を持って営業できるように変わってきたと思います。

峠社長の経営理念を次世代につなぐ

最初の頃は峠社長に言われたことに対して、九割は反発していたのが、まずは受け入れてみようと考えるようになりました。いったん受け入れて、意見があるなら「こうじゃないですか」と言えばいい。それまでは、どちらかといえば先に不満が出ていたのが、いいことは一回受け入れてみようというプラス思考に切り替わったことが大きいですね。そうなったのは峠社長との押し問答に尽きます。私は目一杯反発したと思います。普通、社員にここまで反発されたら「あなたはもういいです」と切り捨てられるのでしょうが、峠社長は時には受け流したり、がっちり受け止めたり、いろいろな方法で私に反応を返してくれました。

今後、社長とご一緒できる時間も限られていると思います。少なくともそのときまでに「あなたたちのこの体制だったら、名晃も安心できる」と思ってもらえるようにしていきたいですね。今、私のニックネームは「恩送りの始まり」なんです。「親孝行したいときに親はなし」ということもあるので、いかに安心して勇退してもらえるように持っていけるかどうか、まさに今、始まったなと思っています。峠社長の基本にある「人的資本経営」を次の経営者の方に伝えていかなければならない。私自身、そんな使命があるのではないかと考えているところです。（談）

◎峠テル子より

ドライバーをしながら営業の情報をあげてくる。営業社員ですらなかなかできないことをMさんはやっていた。だから営業にしようと思った。ただ、ドライバーは社会的なつながりが希薄だから、自分の中にこもってしまう。それなら配車業務でいろいろな人と接触させれば磨かれるなと思って、配車業務を命じた。その期待に応え、営業で大活躍。

とにかくMさんは猛烈に反発してくるけれど、頭はいいし根性もある。何とかしてこの子を育てようと思っていた。「恩送りの始まり」なんてニックネームをつけるようになるなんて、思いもしなかったが、やはり嬉しいものである。

おわりに

これまでの人生で、ほんとうに数え切れないくらいの恩をいただいた。その恩のすべてを返し切ることはできないかもしれないが、残りの人生の時間、できる限り恩返しをしていきたいと考えている。

そしてそれは、名晃の社員たちと、日本の未来を担う子どもたちのため。そのために多くの人たちのお力を借り、また、指導していただきながら、動いていきたいと思っている。私の人生の残りの時間は、そのために費やそうと決めている。

本書の執筆もその恩返しのひとつだ。

社員教育や経営に悩む企業経営者の方々や、ボランティアを通じて社会の役に立ちたいと考える方々の参考になれば幸いである。

本書刊行にあたり、お世話になった方々のお名前を記し感謝申し上げる。

株式会社ＰＨＰ研究所の大谷泰志氏（現・株式会社ＰＨＰエディターズ・グループ取締役）には強く出版を勧められ、背中を押していただいた。同出版部の會田広宣氏にはさまざまな助言をいただいた。根気強く編集の労にあたっていただいたのは株式会社ＰＨＰエディターズ・グループの髙橋美香氏だ。取材や編集に多くの時間を割いていただいたのは中川和子氏である。いずれの方々のお力添えがなければ本書は刊行できなかった。心よりお礼申し上げる。

また、本書刊行のため、多忙な業務の時間をやりくりし協力してくれた株式会社名晃の社員の皆様にも感謝の気持ちでいっぱいだ。ほんとうにありがとう。

著　者

装丁　本澤博子
本文デザイン　伊藤香子
編集協力　中川和子

〈著者略歴〉

峠テル子（とうげ・てるこ）

1942年鹿児島県知覧町（現・南九州市）出身。岐阜を拠点とする一般廃棄物および産業廃棄物の収集運搬業を展開する株式会社名晃の代表取締役として約40名もの社員を率いる。夫婦二人三脚でゴミ収集の事業を始め、会社を拡大。夫亡き後もそのパワーは衰えることを知らず、50年の長きにわたり一貫して人材育成に情熱を注ぐ。

役割を終えた品々が収集・処分されていく際に、これまでの働きへの感謝を込めて社員が一礼するという活動にメディアが注目。その人材育成手腕を一目見ようと、この業界にとどまらず、あらゆる業界からの見学者が後を絶たない。

ゴミに「ご苦労様でした！」感謝の心で育む人的資本経営

2025年5月8日　第1版第1刷発行

著　者　　峠　テ　ル　子
発行者　　村　上　雅　基
発行所　　株式会社ＰＨＰ研究所

京都本部　〒601-8411　京都市南区西九条北ノ内町11
　ブランディング企画部　☎075-681-4437（編集）
東京本部　〒135-8137　江東区豊洲5-6-52
　普及部　☎03-3520-9630（販売）

PHP INTERFACE　https://www.php.co.jp/

制作協力
組　　版　　株式会社PHPエディターズ・グループ
印刷所　　株　式　会　社　光　邦
製本所　　東京美術紙工協業組合

ISBN978-4-569-85944-6